U0040154

世界第一簡單
流體力學

武居昌宏◎著
松下 マイ◎作畫
大同大學機械系教授　郭鴻森◎審訂
Office sawa◎製作　謝仲其◎譯

漫畫→圖解→說明

致各位讀者

在大專院校裡的許多理工科系所，如機械工程系、土木工程系、建築系或化學工程系中，隸屬於物理學的力學是必修科目。其中流體力學（有時稱爲流動力學或水力學）除了涵括非常多數學算式外，更因爲這門學問談論的是肉眼無法直接看清流動狀態的氣體或液體，所以往往讓人敬而遠之，被認爲是門相當困難的學問。我在大學教授流體力學大約有八年了，每年都會碰到很多完全搞不懂流體力學的學生，並且目睹很多學生因爲失去理解流體力學的「契機」，最後放棄學習這門學問，這樣的傾向甚至一年比一年嚴重。因此我在思考，若能提供他們得以理解流體力學這門學問的「契機」教材或讀物，或許就能減少這樣的負面現象。撰寫本書的用意，就是讓那些失去學習流體力學「契機」的學生，或是初次耳聞流體力學的人，能夠充份理解流體力學的本質。從前可能還有很多人對於透過漫畫學習知識、學問懷有抗拒之心，但是現在漫畫已經是日本的文化，也已確立爲表現媒體之一。若能利用漫畫這種表現媒體，提供理解流體力學的「契機」，並輔助大家學習，就算充分達到這本書的目標了。若大家能輕鬆地閱讀本書，並讓它成爲大家學習流體力學的「契機」，那就是我的榮幸了。最後，我要衷心向提供我非常多幫助的日本大學理工學部機械工程系武居研究室的趙桐先生、擔任製作的Office sawa、負責作畫的漫畫家松下マイ小姐，以及給予我撰寫本書機會的Ohm社出版社的所有人，致上萬分的感謝。

2009年10月

武居昌宏

目錄

第3章 層流與紊流

第 4 章　阻力與升力

尾聲

序章

這是預知夢！？
神秘現象少女與流體力學

繪希

神秘現象
研究社
噠
噠
噠
噠
聽我說
不得了啦！！
喀啦
我今天也做了預知夢耶！
預知夢～！！
啊
早啊繪希。
還是那麼有
活力啊…
討厭啦～！你們
倆個太冷靜了！
哈哈哈
對不起。
這次做了什
麼夢呢？
摸東
摸西
呃～！
這個嘛！
謝謝妳！
小茜學姐！
啪

轟
好可怕啊！船沉了！飛機也墜毀了！
是不是告訴電視台比較好啊！？這樣下去太悲慘了！！
悲慘的是妳的腦袋吧…
嗚哇…
哇啊
啊啊啊
這、妳之前也曾這樣鬧過，結果不是都沒事嗎？
唔…
可是只要夢到這種事，就會不由自主地感到不安嘛～
而且我早就對為什麼飛機會飛？為什麼船不會沉？這些問題有疑惑了…
那～麼重的鐵塊能浮起來，這分明就是神秘現象啊！
為什麼能漂浮著呢！？
丟
妳是小學生嗎？
那小茜學姐，請妳說明一下啦！
這…妳要我說明我也…
垃圾
垃圾
噗—

白石！
你不是擁有大學等級的學識嗎？
換你上場了！
噫！

是…是啊，
嗯…
可以解答繪希剛剛問題的學問就是…

「流體力學」
了！

雖然在高中不會學到，但這可是與我們很切身的學問唷。
ㄌㄧㄡˊ ㄊㄧˇ ㄌㄧˋ ㄒㄩㄝˊ？
哼嗯…力學是教過啦…
那「流體」是什麼？

這個嘛，
好比說…
喀啦

現在環繞在我們身旁的東西是什麼？
是空氣吧。
…！背後靈嗎！？
驚

那麼，扭開水龍頭會流出什麼？
水…吧。
緊張
流、流出血的話就太可怕啦～

啾

沒錯。

空氣是氣體，
水是液體。

唰

將氣體和液體
合在一起，

就稱作「流體」啦！

原來如此啊…的確
很貼近我們呢。
流體也不是那麼
困難的東西嘛～
流體…
沒錯
空氣會流動
而形成風，
水也是自由自
在地流動。
嗯嗯

也就是說…

流體就是能自由自在
地變形的物體。
而它的流動會怎麼
樣變化，引起什麼
作用…
能解釋這些的——
啊
就是流體力學。
嘩
白石同學，雖然
我知道這很貼近
生活…
但了解流體的
流動有什麼好
處呢？
好處可多
著呢！
現代社會的生活能過得
那麼舒適，部分原因也
要歸功於流體力學。
製造出電力的過程中，流體力
學也扮演了很重要的角色，
將水或瓦斯送往家
或工廠使用的幫浦
其構造也少不了流
力學。
喔喔

嘿咻
嘿咻
另外，運動和電子產品也都和它有關。

各種運動裡的球的動向
送風的冷氣
需要水的洗衣機
更別說船、飛機、車子等等各種運輸工具了！
曲球、滑球、彈指球…
女生應該不太常聽到吧

它可以用來作大氣模擬，探討全球暖化後地球的將來，
還有人工心臟內部的血液輸送，也都有運用到流體力學。
…心臟！

感覺好像…既與日常生活有關，又大到與地球有關，
這學問眞的涵括很廣耶～！
眞有意思呢…
接著回到剛剛繪希的問題…

爲什麼飛機會飛？
爲什麼船不會沉呢？
這些單純的問題，也能用流體力學來回答！
大驚

這
這好像眞的很厲害！？很厲害對吧！？
該不會流體力學也能破解各種不可思議現象的謎團吧！？
太棒了！我好想知道！再多教我一些吧白石同學！！
咄咄
逼人
啊…這…
好，好啊，如果我可以的話…

只是…若開始講起流體力學，要花很多時間，
會用掉所有社團活動的時間，可以嗎？小茜社長…
哼

好吧，連我都感到興趣了。

拜託你啦白石同學。

好，瞭解！

太棒啦！用流體力學來解釋神秘現象的謎題～♪

神秘現象研究社

解謎！才不是咧…繪希，

我們本來就不是胡鬧的神秘現象研究社…

啊！

小茜學姐…

撕掉

啪！
物理研究社
我們是貨眞價實的
物理研究社！

妳貼幾次我就撕幾次！
我們可沒有在研究神秘
現象！
哇啊啊啊啊！
人家特地貼的～！
嗚嗚～
可是、可是，

不是很多看不見的東西都
可以用物理來解釋嗎！
哇
啊
既然這樣就叫神秘現象才比
較好玩、奇妙又有趣啊～！

跟妳講話我頭都痛…
笨蛋…！
算了！
我要再寫一次！

我才不是笨蛋～我
只是最喜歡不可思
議的東西了～
凌亂…
那是妳的興
趣吧…
別老是把不知名
的東西往社辦裡
放！

可是可是，
必要時搞不好派得上用場啊～！
我祈禱那天會來臨…

那～麼…
轉換一下心情，
大家一同來學流體力學吧！
嗯！

目標！成為神秘…不對，流體力學專家！！

第1章

流體的性質與靜力學

1 固體與流體

請喝冰紅茶

烹飪教室
喔喔～！
要在這兒學流體
力學嗎！？
所謂實作才會
熟能生巧。
能借到教室使用，
運氣還不錯呢。
哇—
還不賴耶！
在社辦看到留言時，
我還想說要做什麼咧～
在烹飪教室
等妳！
!?
哈哈哈
那麼臨時眞
不好意思。
那就馬上開始吧！

首先，請先喝這杯冰紅茶！

喀
啷

嗚哇！謝謝～！

剛剛一路跑過來，口都渴了～

吸

那麼進入正題。

我們之前提過，氣體和液體統稱爲流體。

請看這杯冰紅茶，

冰塊是「固體」，而茶是「液體」，

嗯嗯。

只要眼睛看得到的東西，都可以分爲「固體」和「液體」。

但固體和液體會隨著溫度改變外型唷。

啊…

指的是冰塊加熱會變水，水加熱會變水蒸氣，對吧！

冰塊（固體）　水（液體）　水蒸氣（氣體）

0℃ ⟷ 100℃

啊—！

沒錯，眞不愧是社長！

那麼我們就在分子層級上
來試著觀察「固體、液
體、氣體」的特徵吧。
精神抖擻
固體
屬於固體的冰塊，它的分
子組成很縝密，區區幾分
力是無法動搖它的。
喔喔！好厲害
的團隊合作！
整齊劃一
眞是儀態端
正啊…
輕飄飄
液體
液體的分子個性比較溫
和，但也不會說停就停。
分子同伴會相吸又會相
斥…好像有點忙碌。
軟綿綿
耶！
氣體
氣體的分子則非常我行我
素，會自由地跑來跑去！
靜不下來這點
跟某人好像…
嘿嘿！！

液體與氣體——也就是「流體」，可以不斷運動變形。
飄～
耶
耶

這就跟它的名字「流動」一樣！
這樣啊！
嘿
飄～
耶
耶
飄～

嗯，總之
像這樣流體的性質與運動…以及物體在流體中的運動，
流體力學就是研究這些方面的學問。

…唔…
大致瞭解了…
好像是懂了啦…
呼
喘

可是這到底哪裡會變成神秘現象呢？白石同學！
快教我流體力學啦～！我想要解決那些不可思議的現象啦～！
請、請別那麼著急！
砸～

其實…流體力學是奠基於物理的力學之上，

要學習流體力學前，

一定要先具備基礎的力學知識！

怎麼這樣啦！我完全不懂那個呀！

怎麼辦～！

妳眞的是物理研究社社員嗎…！

沒、沒問題啦，繪希，

今天我們先從力學的公式、單位等初步知識開始說起。

太好啦

眞的嗎！？

太感謝你了，白石同學！

咕嚕
啊～…
心情一放鬆，肚子也餓了呢。
不要鬧了，給我穿上圍裙
那我們來開始煮飯吧，
今天就來煮拉麵。

而且要從叉燒肉開始作起，
是眞的叉燒肉唷！
鏘
鏘～
咦！現在就開始！？

2　力與壓力

用壓力鍋烹煮

我們要用這個壓力鍋煮叉燒，
用它來煮的話，烹煮時間可以減少到三分之一以下唷。

可以縮短那麼多時間…？是不是用了什麼魔法啊…
小茜學姐妳覺得呢？
我只想說那保證是錯的。
我切
我剁

呼
接下來只要等它煮熟，叉燒肉就完成囉
好快!!
壓力鍋跟它的名字『壓力』有很密切的關係…

通常我們身處的大氣壓力為1大氣壓。
相對地，對密閉容器加熱時，壓力就會變高，鍋子裡的壓力變成2大氣壓。

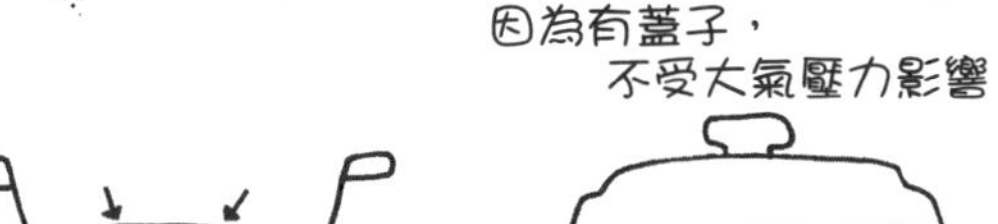

因為有蓋子，
不受大氣壓力影響！

叉燒肉
1 大氣壓
2 大氣壓

水的沸點在2大氣壓時不是100℃而約莫是120℃。
是因為有了這個高溫，才能縮短烹煮時間。
喔

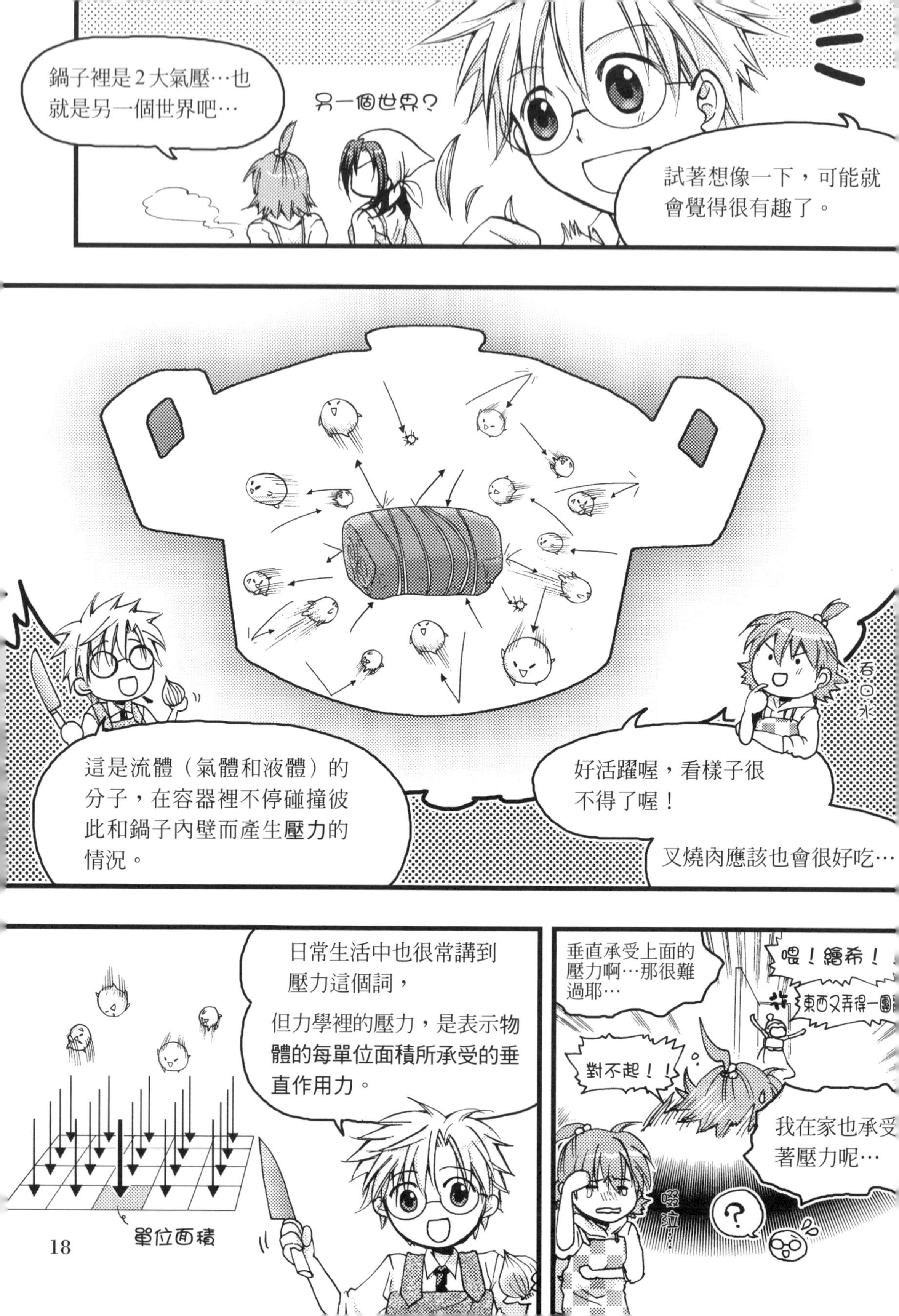
鍋子裡是2大氣壓…也就是另一個世界吧…
另一個世界？
試著想像一下，可能就會覺得很有趣了。
這是流體（氣體和液體）的分子，在容器裡不停碰撞彼此和鍋子內壁而產生壓力的情況。
好活躍喔，看樣子很不得了喔！
吞口水
叉燒肉應該也會很好吃…
日常生活中也很常講到壓力這個詞，
但力學裡的壓力，是表示物體的每單位面積所承受的垂直作用力。
單位面積
垂直承受上面的壓力啊…那很難過耶…
喂！繪希！
東西又弄得一團
對不起！！
我在家也承受著壓力呢…
啜泣…
？

$$p = \frac{F}{A}$$

比如，當面積爲 A〔m^2（平方公尺）〕、受到的力爲 F〔N（牛頓）〕時，壓力 p（小寫的 p）就是這樣。

壓力的單位爲 Pa（帕或帕斯卡）。

1N（質量約 102g 的物體產生的重力）的力作用在面積 $1\ m^2$（每邊 1 m 的正方形面積）上時，壓力爲 1Pa。

……

？

寫成中文就是這樣啦！

喔喔！

$$p(\text{壓力}) = \frac{F(\text{力})}{A(\text{面積})}$$

看這個就可以知道，壓力的單位 Pa（帕）也可以寫成 N/m^2（牛頓每平方公尺）對吧？

$$\text{壓力}\,[\text{Pa}] = \frac{\text{力}\,[\text{N}]}{\text{面積}\,[m^2]}$$

眞的耶，變成 $1\ Pa = 1\ N/m^2$！

然後，將壓力 p 乘上面積 A 就是總力 P（大寫 P），單位是〔N〕。

喔喔～

開始飄出香味了呢。

繪希，能幫我把壓力鍋搬下來嗎？

好～

噗咻

喔喔～這鍋子
挺重的。
這也是壓力的
關係嗎？
燙燙燙
可惜妳猜錯囉～

會覺得重是因爲鍋子的「力」施加在繪希的兩手。
我們就來好好地說明「力」跟「壓力」的差異吧！

F＝m×a
（力） （質量） （加速度）
物理的力學有個非～常非常重要的公式，叫作「運動方程式」。
嗚哇！
這是什麼？
在什麼情況下需要用到這個算式！

這項運動方程式爲**力的定義式**！
單位是〔N（牛頓）〕，
意思就是 **1 N** 的力等於使 **1 kg** 的質量產生 **1 m/s²** 的加速度時需要的力。
炒菜中
加速度的單位寫成〔m/s²〕，
唸作（公尺每平方秒）——

…這部分我們之後再詳細說明。
（請見P.36）
?

嗯…說明一下現在繪希的情形，
因爲鍋子受到往下的重力，**加速度** ***a*** 就會是**重力加速度** ***g***。

現在我們把它代入到
前面的公式吧！
施予質量 m 的鍋子的力
F，改成重力加速度的g…
m＝鍋子的質量
g＝重力加速度
F＝鍋子的質量
×
重力加速度
m
F
加速度 a 或重力
加速度 g，在其
他公式中也會頻
繁地出現，
身為物理研究社的
社員，請妳要好好
地記起來。
啊！
F＝mg！
施予我兩隻手的
鍋子的力，原來
是這個啊！
唔…
好啦…！
順帶一提，大小與方向構成的
量，我們稱之爲向量，也就是
箭頭符號。
相對地，只以大小構成
的量，則稱爲純量。
純量
大小
向量
方向
大小
+
所以剛剛的 F 和 g 也是向量囉！
這裡要注意向量與純量的
表示方式，
向量爲粗體字的
F、a、g，
而純量爲細體字的 t 或
m，要特別注意喔！
好！
我知道了！
咕嚕
咕嚕
現在我們知道力與
壓力的分別了。
接著來說明，絕對壓力與
錶壓力這兩種壓力的表示
方式吧！

絕對壓力是眞空爲 0 Pa 時的壓力基準，
錶壓力是大氣壓力爲 0 Pa 時的壓力基準。
錶壓力
絕對壓力
大氣壓力
真空
所以在大氣壓力上加上錶壓力，就可以求得絕對壓力嘛。

因爲大氣壓力會隨著氣候不同而產生變化，不會保持恆定，
所以有時候使用錶壓力會比較方便。
比方說，輪胎的胎壓就是錶壓力。

1 atm…
101.36
千帕…
這兩個東西同樣都是「餐具」唷。
那麼接下來要來講壓力的單位！
標準大氣壓…也就是 1 氣壓＝ 1 atm，用絕對壓力來表示就是 101.36kPa（千帕）。

繪希，一個一個慢慢記吧！不要緊的！
拉麵已經煮好了，請打起精神吧！
啊，太好了！
眞單純…

另外，還有 mmHg（公厘水銀柱）這種單位唷
整理一下，就會得出
1 氣壓＝ 1 atm ＝ 101.36 kPa ＝ 760 mmHg
這結果！
直接了當
哇～～！！
那麼多單位，
變得好複雜喔～！

Follow-up

～來熟練力的平衡方程式吧～

嚴格來說，只有當物體正在落下時，運動方程式$\boldsymbol{F}$＝m$\boldsymbol{g}$才會成立。

繪希拿著壓力鍋、鍋子呈靜止狀態時的方程式稱作「**平衡方程式**」，與「**運動方程式**」不同。以下，我們就來徹底辨明這兩者的不同吧！

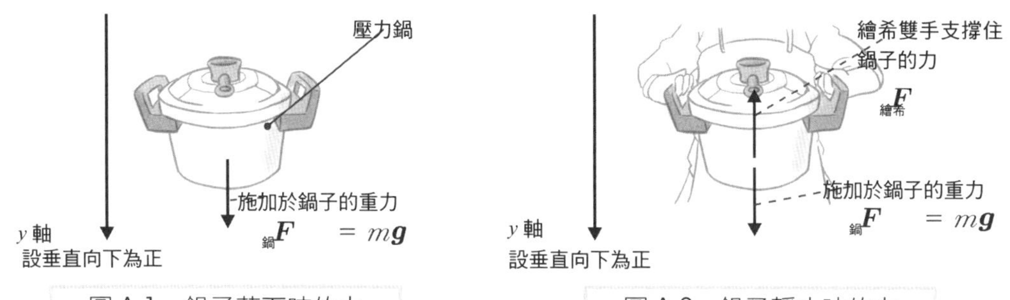

壓力鍋
施加於鍋子的重力
$F_{鍋} = mg$
y 軸
設垂直向下為正
繪希雙手支撐住
鍋子的力
$F_{繪希}$
施加於鍋子的重力
$F_{鍋} = mg$
y 軸
設垂直向下為正

圖 A-1　鍋子落下時的力

圖 A-2　鍋子靜止時的力

萬一像圖A-1，繪希不小心鬆手使鍋子掉下來，那會變怎樣呢？鍋子會因爲所受到的重力$\boldsymbol{F}_{鍋}$，經過一定的落下時間，最後掉在地板上。這個重力$\boldsymbol{F}_{鍋}$與$m\boldsymbol{g}$相等的式子，是表示鍋子運動狀態的「**運動方程式**」。將這垂直往下的方向設爲 y 軸的 plus（正向），這個重力就是在y的正方向產生的力。

接著思考如圖 A-2，繪希以重力 $\boldsymbol{F}_{繪希}$ 支撐著鍋子而使鍋子靜止的情況。表示這種靜止狀態的公式稱爲「**平衡方程式**」。

以下是建立這個平衡方程式的方式。

●平衡方程式的建立方式

① 像圖A-2，在圖中用箭頭畫出所有的力。

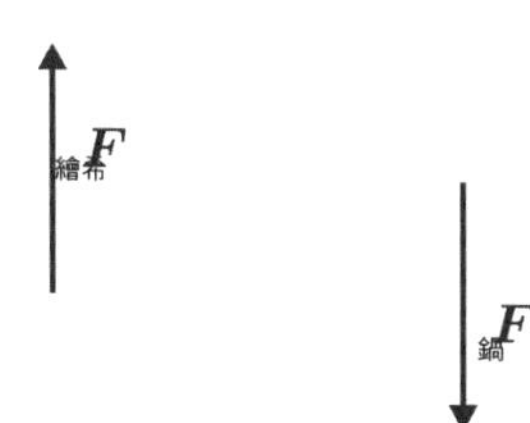

$F_{繪希}$
$F_{鍋}$

② 決定正的方向，這次我們設垂直向下爲正向。如果設相反也可以。

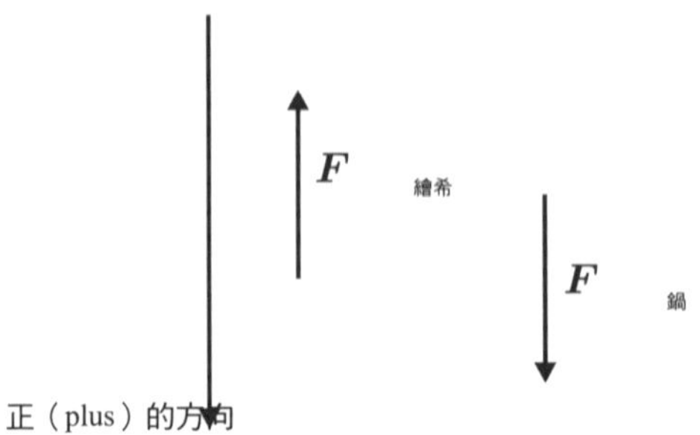
F
繪希
F
鍋
正（plus）的方向

③ 考量正與負，將力全部寫在左邊。

$$-\boldsymbol{F}_{繪希} + \boldsymbol{F}_{鍋}$$

④ 因爲已相互抵銷，所以式子右邊是 0。也就是說，全部的力互相抵銷、$\sum \boldsymbol{F} = 0$ 意思。這邊的數學符號 Σ（讀成 sigma），是表示將後面 $\boldsymbol{F}$ 的元素全數加總起來的意思。

$$-\boldsymbol{F}_{繪希} + \boldsymbol{F}_{鍋} = 0$$

另外，表現運動物體的「運動方程式」，在上面④的右邊，寫成質量 m×加速度 $\boldsymbol{g}$ 或是 $\boldsymbol{a}$，故可得

$$\sum \boldsymbol{F} = m\boldsymbol{g}$$

那麼請再一次思考在圖 A-2 裡，鍋子靜止時的力。這裡要特別注意，繪希兩手支撐住鍋子的力 $\boldsymbol{F}_{繪希}$，終歸是依據③的式子

$$-\boldsymbol{F}_{繪希} + \boldsymbol{F}_{鍋} = 0 \quad \text{而得到}$$

$$\boldsymbol{F}_{繪希} = \boldsymbol{F}_{鍋}$$

而鍋子產生的重力大小，則根據運動方程式得到 $\boldsymbol{F}_{鍋} = \mathrm{m}\boldsymbol{g}$，結果才會得出

$$\boldsymbol{F}_{繪希} = m\boldsymbol{g}$$

總而言之，特別要注意 $\boldsymbol{F}_{繪希}$ 並不是直接地，而是間接地成爲 m$\boldsymbol{g}$ 的。

3 密度與比重

濃郁拉麵的秘密

嗚哇！
太好吃啦！
呼
呼
哈
叉燒肉也都入口即化啊～

這叉燒肉跟濃郁的湯頭也好合呀！
吸
吸
吹
講到湯頭，有個問題要問繪希，
爲什麼上面的油不會和湯混在一起呢？

那想必是水跟油的感情不好吧…
前世結下的因緣…？？
是因爲「密度」啦，大笨蛋…
密度就是單位體積（1 kg/m³）的質量。
不同的物質會有不同的密度，密度小的物質會浮在密度大的物質上面…
呼
油的密度比水還小，所以才會這樣啦。

原來啊
答對了！
通常，密度會用希臘文的 ρ（Rho）表示。

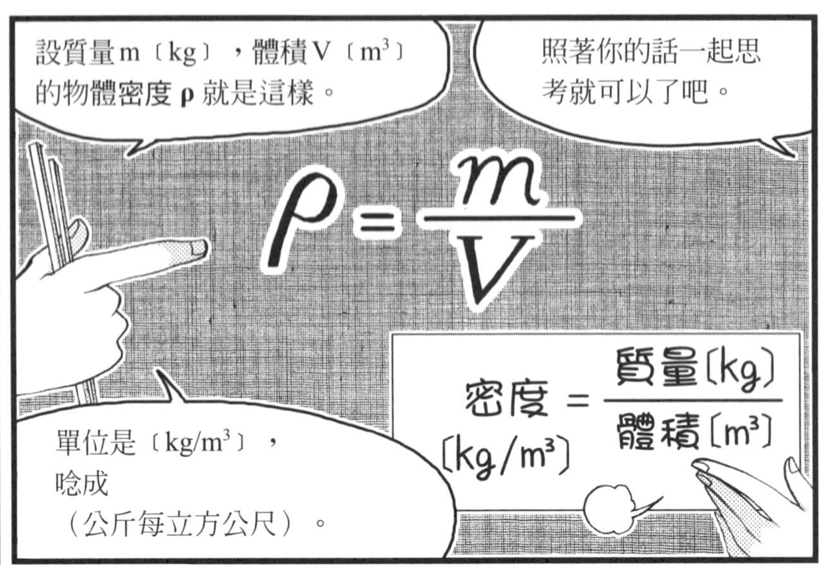
設質量m〔kg〕，體積V〔m³〕的物體密度 ρ 就是這樣。
照著你的話一起思考就可以了吧。
$\rho = \frac{m}{V}$
密度〔kg/m³〕＝質量〔kg〕／體積〔m³〕
單位是〔kg/m³〕，唸成（公斤每立方公尺）。

請想像一下長・寬・高都是 1 m 的水槽，
那就是 **1 m³**。
1m
1m
1m
嗯嗯

在裡面加滿水，水的質量爲 1000 kg，所以總共就是 1 t (噸)。
咚——
1 噸！！

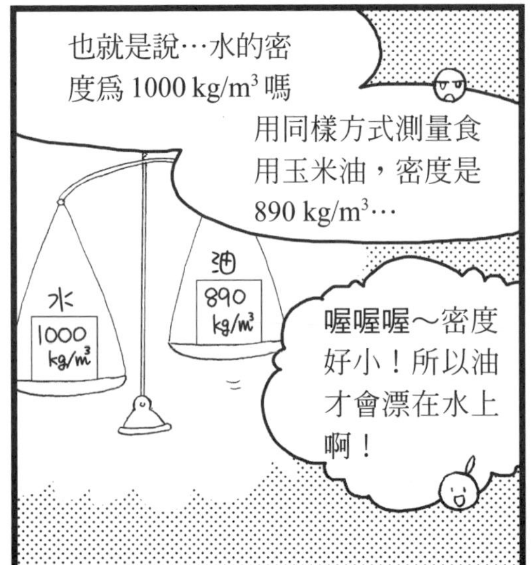
也就是說…水的密度爲 1000 kg/m³ 嗎
用同樣方式測量食用玉米油，密度是 890 kg/m³…
水
1000 kg/m³
油
890 kg/m³
喔喔喔～密度好小！所以油才會漂在水上啊！

在同樣體積裡比較質量時，我們會使用「比重」。
當我們以某樣物質作為標準來比較密度時，這樣思考起來比會較簡單。
比重

比方說我身體的質量是 80 公斤，而繪希的質量是 40 公斤…

80 kg

40 kg
!?

假設而已，假設。

※物理的力學裡，不稱爲體重，而是稱爲物體的質量。

當以我身體的質量爲「標準」時，繪希的質量是我的一半…也就是二分之一

基準（1）

用這樣來表示，誰的質量比較大就一目瞭然了。

即使是同樣的物質，密度仍會隨著溫度或壓力而產生改變…以水爲例，水的密度在 4℃時最大，溫度愈高密度就會愈來愈小。

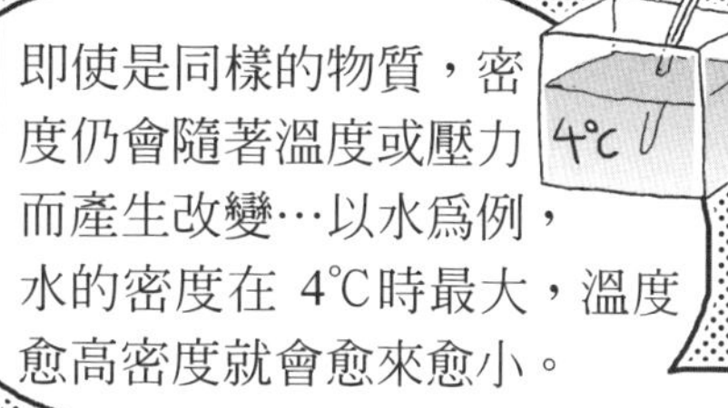

4℃

所以 4℃爲水的密度的「基準」。

4℃時水的密度爲 $\rho_w = 1000\ \mathrm{kg/m^3}$，因爲固體與流體的密度 ρ 的**比重 *s*** 是以水的密度爲標準，所以公式是寫成這樣的。

比重沒有單位，應該很簡單吧！

固體或流體，只要比重比作爲基準的水（1）大就會下沉，比較小則會浮起來。

$$s\ (\text{比重}) = \frac{\rho\ (\text{流體的密度 kg/m}^3)}{\rho_w\ (\text{水的密度 }1000\text{kg/m}^3)}$$

眞的－！比重好方便喔－！

順帶一提…平常我們身體感覺不到的空氣，也有質量。

比方說，空氣的密度是 **1.2 kg/m³**（※）

※這是指在溫度 20℃，標準大氣壓 1 atm ＝ 101.3 kPa時的情況下

什麼！空氣居然也有質量！？

所以，那也可能是幽靈靈體的質量…！！

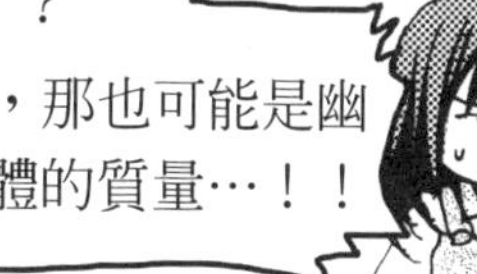

驚

4 帕斯卡定律

我是超人！？

吃飽了～
眞好吃呀！
如果吃飽就能休息
的話該有多好…
呼…
肚子好撐啊…
妳在做什麼？繪希，
快點給我收拾東西。

嗚…鍋子好重
我拿不動啦～
好累～
眞是辛苦了，
繪希…
我來變個魔法
給妳看吧。

不只是鍋子，連車
都能抬起來唷！

而且還只用
單手！

咦咦！！？

白…白石同學，
你到底是
何方神聖…

緊張兮兮

我已經知道囉
白石同學…
是油壓千斤頂吧！
接下來要講帕斯
卡定律嗎？

哎呀
被發現了嗎？

油，油壓…？
帕斯卡…？？
這原理是指，靜止流體中的任一點受到的壓力，會和所有其他方向受到的壓力相等。
很簡單吧？
換句話說，就是當我們在密封的水裡於任一點上施加壓力時，也會有同樣大小的壓力朝其他方向傳遞出去的意思…
抱歉，講得有點太複雜了。
沮喪—
那我們試著想像一下，
「當相撲選手在滿載客人的電車上施展推技時」的情況。
被推的人會以同樣的力量倒向前方的人，而前面的人又會繼續倒向更前面的人…
我推!!
向電車中滿滿的乘客傳遞「推技的壓力」！
這就是「帕斯卡定律」。
但是，雖然「壓力」大小相同，力（＝壓力×面積）卻是不同的，這一點要留意唷！
哪裡都逃不掉！好像真的會傳遞到每個方向…！
說明帕斯卡定律時，常常會使用這種圖解。

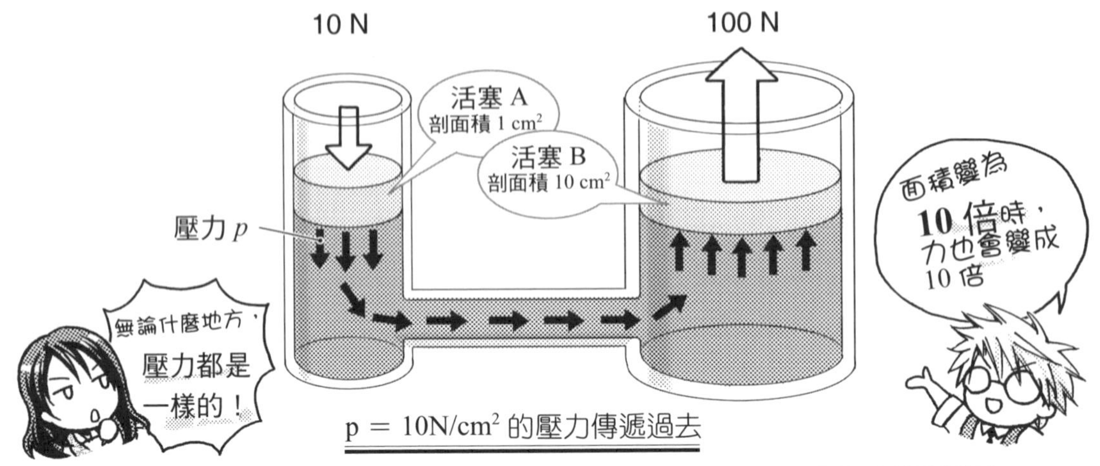
10 N
100 N
活塞 A
剖面積 1 cm²
活塞 B
剖面積 10 cm²
壓力 p
無論什麼地方，
壓力都是
一樣的！
面積變為
10 倍時，
力也會變成
10 倍
p ＝ 10N/cm² 的壓力傳遞過去

準備如同圖上的管子，灌進水後會產生兩個水面。
右側容器 B 的水面面積為左側容器 A 的 10 倍。
在左側的活塞 A 施予 10 N 的力，水面會受到壓力 p。
依據帕斯卡定律，由於壓力p會傳遞給所有液體，右側的水面也會受到壓力 p。
在此，由於右側容器 B 的水面面積大了 10 倍，
活塞 B 所受的力（壓力×面積），是活塞 A 產生的力的 10 倍，也就是 100N。

這邊最需要注意的，就是 10N 的力變成 100N。

10×10!!

就是加了 10 倍的力嘛！

太厲害了！像魔法一樣！

運用這個原理的東西，剛剛也有提到，就是油壓千斤頂。

依據這個原理，繪希也可以單手就把車子給抬起來…

喔呀～～！！

壓 壓

頂 頂 頂

有了帕斯卡，我搞不好也能成爲超人啊…！

帶我去潛水

像這樣實作帕斯卡定律等而學到東西的感覺眞好～
講到符合研究社的活動…
繪希眞是用心呀，還帶了筆記…

我們接下來去外宿郊遊啦，小茜學姐！
身爲神秘現象研究社，現在就是行動的時候啦！
攤開——

妳這傢伙怎麼馬上又…！要說幾次，我們是物理研究社！
好不容易比較像物理研究社了！
可是～！大家不是都想去外宿郊遊嗎～？

那麼社長，繪希
這樣妳們覺得如何？

綜合兩個人的意見，
就來個物研社外宿郊遊吧！
海

首先，
來潛個水如何？
呼嚕
！！

剛潛進水時，最
需要注意的，
就是「耳壓平衡」。

試著捏住鼻子，
呼吸空氣…
繪希！
啵啵
啵
我的耳朵～～～！

精疲力竭
就像這樣，若
不做好耳壓平
衡，耳朵會產
生劇痛。

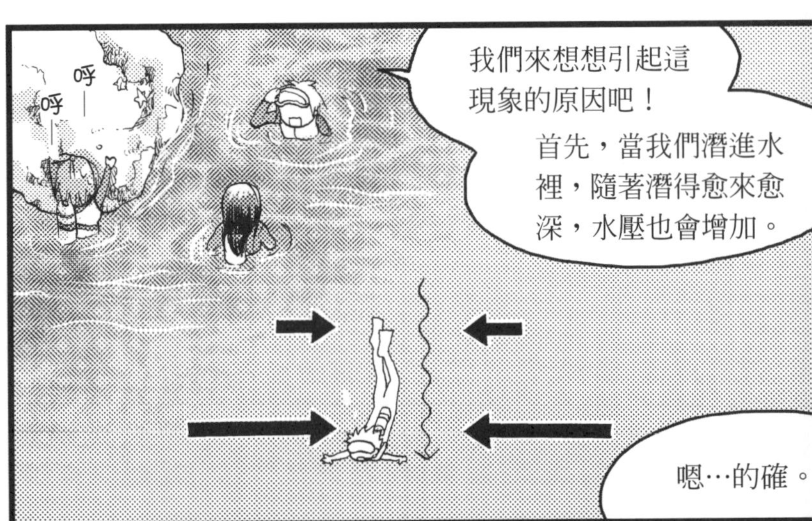
我們來想想引起這
現象的原因吧！
首先，當我們潛進水
裡，隨著潛得愈來愈
深，水壓也會增加。
呼—
呼—
嗯…的確。

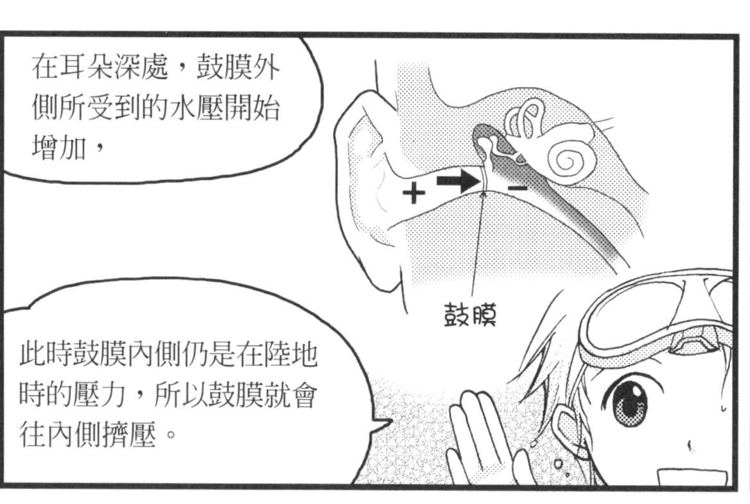
在耳朵深處，鼓膜外側所受到的水壓開始增加，
+
−
鼓膜
此時鼓膜內側仍是在陸地時的壓力，所以鼓膜就會往內側擠壓。

若一下子上昇到高樓大廈等高處時，也會發生反過來的現象…
耳朵就會感到疼痛。
嗚嗚…好可怕喔。

當下降到比地面還深的地方…或是上昇到比地面還高的地方時，以地表壓力爲基準的「壓力差」，我們用Δ*p* 表示。
Δ（delta）除了表示「差」以外，有時還有「少許」的意思（詳細請參閱 P.35）。

設流體的密度爲*ρ*，從地面（或是水面）下降（或是上昇）*h*〔m〕時，地面與 *h*〔m〕的距離的**壓力差**Δ*p*，是像這樣表示。
以水面的壓力為基準
Δp＝ρgh
h〔m〕

單位是Pa（帕），在講壓力時有提到，1 Pa＝1 N/m²（參閱 P.19）
壓力差（Δ*p*）＝流體的密度（*ρ*）×重力加速度（*g*）×高度差（*h*）
原來是這樣啊…
耳朵會痛也是壓力差的關係呀…
啊，對了！

說到潛水，那就要去南方島嶼啦！
請看
滿滿榴槤香
南國榴槤
蔬菜汁口味
多虧你我才想起來，我買了果汁！

這有點詭異的味道，真是好喝呢～
好臭…
用手壓那紙盒，果汁會在吸管中上升對吧。

更用力壓一些，果汁還會再上升。
反過來思考，測量一下吸管中的果汁（液體）的高度，就能知道容器內的壓力了吧？
壓
啊…經你這麼一說的確是耶！

測量管子裡液體的高度 h_1 和 h_2，就能依此求出想測得的流體壓力。

運用這項原理的器具，還有壓力計（manometer）。

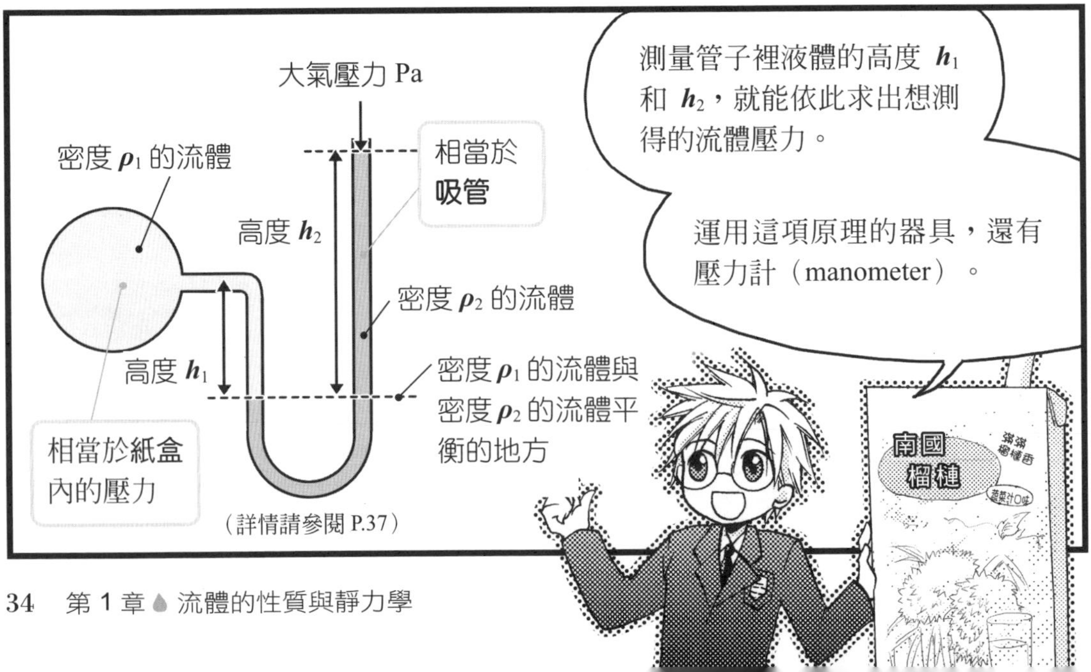

大氣壓力 Pa

密度 ρ_1 的流體

相當於吸管

高度 h_2

密度 ρ_2 的流體

高度 h_1

密度 ρ_1 的流體與密度 ρ_2 的流體平衡的地方

相當於紙盒內的壓力

（詳情請參閱 P.37）

南國榴槤
滿滿榴槤香
蔬菜汁口味

Follow-up

～Δp的Δ的意思～

Δp（唸作Delta P）的Δ有兩種意思。

分別是「差」，以及「少許」。

差
少許
壓力差
加速度
速度梯度
壓力梯度

P.33 的Δ，代表以地表壓力爲基準的「差」。

另一方面，Δ代表「少許」的時候，它就與接下來要解說的「速度與加速度」說明、第 3 章 P.107 的速度梯度、或者在 P.120 或 P.127 出現的壓力梯度中，代表微分的 ***d*** 的意義相同。

這裡說的爲什麼是「少許」，而不能當作「許多」呢？那是因爲即使我們現在知道自己所在地的壓力，但還是沒辦法知道前方 100km 處的壓力。也許那個地方會有颱風侵襲，壓力很有可能會有劇烈的改變。因此，如果是「少許」距離，如前方 1mm 時，我們才能設想成壓力只有「少許」的改變。

～速度與加速度～

因爲在 P.20 的運動方程式裡出現了加速度，這裡就詳細來說明一下**速度**與**加速度**吧！

「**速度**」代表的是每單位時間（當成每一秒也可以）前進的距離。

若物體在Δt〔s〕（這裡Δ的意思是「少許」）的時間內移動了Δx〔m〕，而速度爲$\boldsymbol{u}$〔m/s〕，就會變成 $\boldsymbol{u}=\frac{\Delta x}{\Delta t}$ 。

一般來說，爲了區分像是t或是x這類的數量符號，單位會寫在〔〕裡。 s就是second的簡寫，代表「秒」的意思，m則是表示「公尺」。

所以速度的單位就是〔m/s〕（公尺每秒）。

這裡我們將Δ換爲**微分**符號d吧！

這邊請將Δ「少許」與「微分」當作同樣意思。

這樣一來，速度 $\boldsymbol{u}=\frac{\Delta x}{\Delta t}$ 就要重新改寫成 $\boldsymbol{u}=\frac{dx}{dt}$ 。

順帶一提，速度表示的是朝哪邊（方向）以多快的速度（大小）移動，因此是持有大小和方向的**向量**。爲了能一目瞭然與純量的區別，向量一般用**粗體字**表示。

再來，**表現速度在單位時間內變化多少**的物理量，就稱爲「**加速度**」。

加速度是速度$\boldsymbol{u}$對時間t微分後的物理量，所以加速度$\boldsymbol{a}$〔m/s^2〕以$\boldsymbol{a}=\frac{d\boldsymbol{u}}{dt}=\frac{d^2\boldsymbol{x}}{dt^2}$表示。

換句話說，加速度是位置x對時間t微分二次後的數值。

加速度的單位爲〔m/s^2〕（公尺每平方秒）。

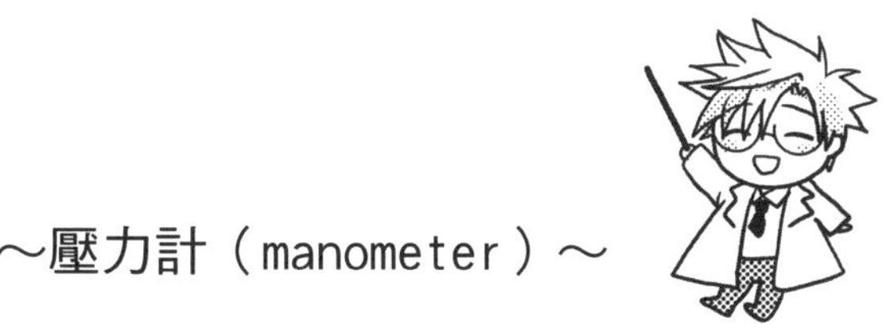

～壓力計（manometer）～

剛剛我們已經提過，測定容器裡壓力的裝置稱爲壓力計。這邊我們就要來解說，為什麼根據管內的液體高度就能知道容器內的壓力。

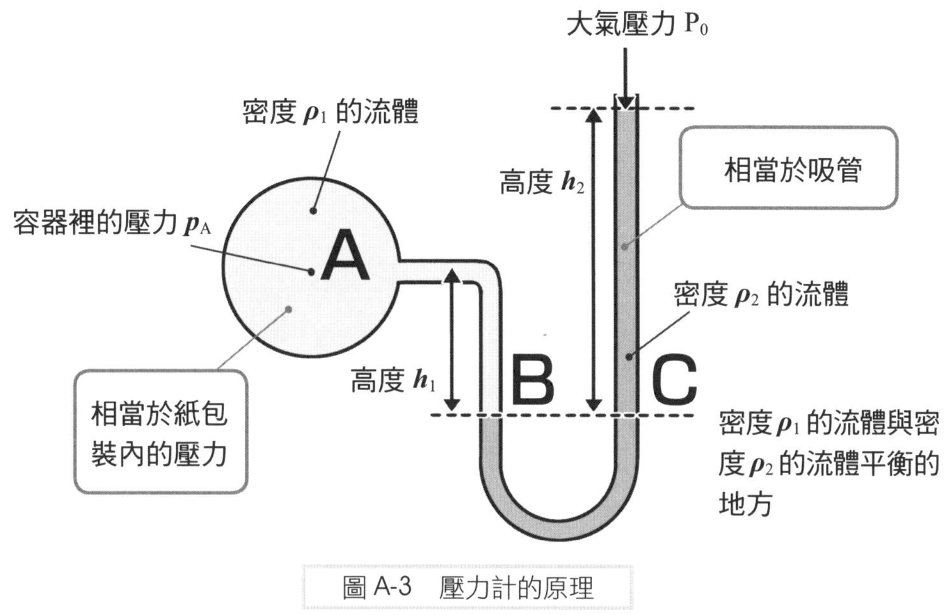

大氣壓力 P_0
密度 ρ_1 的流體
容器裡的壓力 p_A
A
相當於紙包裝內的壓力
高度 h_2
高度 h_1
B
C
相當於吸管
密度 ρ_2 的流體
密度 ρ_1 的流體與密度 ρ_2 的流體平衡的地方

圖 A-3　壓力計的原理

一如圖 A-3 所表示，將想要測量壓力的密度 ρ_1 的流體倒入容器裡，再將這容器與流入密度 ρ_2 的流體的U型管接在一起，此時U字管的另一端暴露在大氣壓 p_0 之中。我們要求出在這種狀態下的容器內A點的壓力 p_A。

因為 p_A 比 p_0 的壓力還要高，容器內的 ρ_1 流體會流入U型管內直到B點，ρ_2 的流體則會上升到U型管右側的管內，在力平衡的地方靜止。

思考一下圖上B點的壓力，這個B點就是向下受到了管路內A點的壓力 p_A，以及相當於 ρ_1 流體的高度 h_1 的壓力 $\rho_1 g h_1$。而這個B點則又受到了向上的壓力 p_B，所以流體就靜止了。

既然壓力是每單位面積的力，我們就來寫出 P.23 文章解說裡說過的，力的平衡方程式吧！

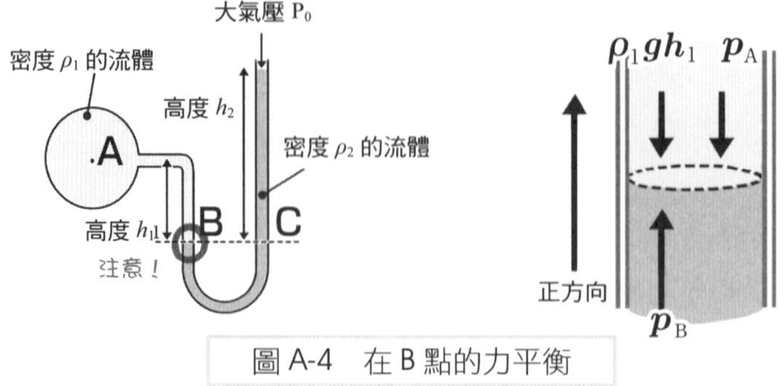

大氣壓 P_0
密度 ρ_1 的流體
高度 h_2
A
密度 ρ_2 的流體
高度 h_1
B
C
注意！
$\rho_1 g h_1$
p_A
正方向
p_B

圖 A-4　在 B 點的力平衡

若設向上爲正的話就如同圖 A-4 所示，在 B 點上的壓力 $\boldsymbol{p}_B$、$-\boldsymbol{\rho}_1\boldsymbol{g}\boldsymbol{h}_1$、$-\boldsymbol{p}_A$ 平衡，它的平衡方程式就會變成

$$\boldsymbol{p}_B - \boldsymbol{\rho}_1\boldsymbol{g}\boldsymbol{h}_1 - \boldsymbol{p}_A = 0$$

$$\therefore \boldsymbol{p}_B = \boldsymbol{\rho}_1\boldsymbol{g}\boldsymbol{h}_1 + \boldsymbol{p}_A \qquad (1 \cdot 1)$$

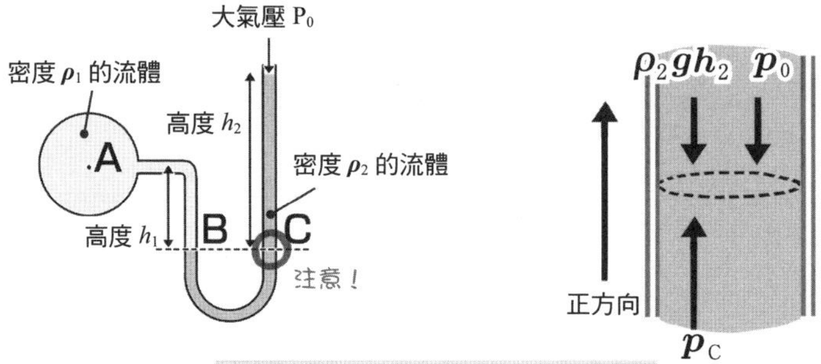

圖 A-5　在 C 點的力平衡

接著也是如圖A-5 所示，與B點高度相同，但在右側管路的C點，則向下受到了大氣壓力 $\boldsymbol{p}_0$，以及 $\boldsymbol{\rho}_2$ 液體的高度 $\boldsymbol{h}_2$ 的壓力 $\boldsymbol{\rho}_2\boldsymbol{g}\boldsymbol{h}_2$。

這個C點又受到了向上的壓力 $\boldsymbol{p}_C$，所以流體呈靜止狀態。

由此可知，C點方面的壓力平均式是

$$\boldsymbol{p}_C - \boldsymbol{\rho}_2\boldsymbol{g}\boldsymbol{h}_2 - \boldsymbol{p}_0 = 0$$

$$\therefore \boldsymbol{p}_C = \boldsymbol{\rho}_2\boldsymbol{g}\boldsymbol{h}_2 + \boldsymbol{p}_0 \qquad (1 \cdot 2)$$

這邊因爲B點和C點的高度相等，所以壓力也相等，也就是 $\boldsymbol{p}_B = \boldsymbol{p}_C$。

由此可知，式（1・1）和式（1・2）相等，所以A點的**絕對壓力**是

$$\boldsymbol{p}_A = \boldsymbol{\rho}_2\boldsymbol{g}\boldsymbol{h}_2 + \boldsymbol{p}_0 - \boldsymbol{\rho}_1\boldsymbol{g}\boldsymbol{h}_1$$

$$= \boldsymbol{g}(\boldsymbol{\rho}_2\boldsymbol{h}_2 - \boldsymbol{\rho}_1\boldsymbol{h}_1) + \boldsymbol{p}_0 \qquad (1 \cdot 3)$$

而A點的**錶壓力**，則可以將式（1・3）右邊的 移位到左邊，

$$\boldsymbol{p}_A - \boldsymbol{p}_0 = \boldsymbol{g}(\boldsymbol{\rho}_2\boldsymbol{h}_2 - \boldsymbol{\rho}_1\boldsymbol{h}_1) \qquad (1 \cdot 4)$$

以這種方式來表示。

6　在平面壁作用的總力

令人陶醉的水族館

翻閱
沖繩！
如果要去南方島嶼，那就是沖繩了。
而講到沖繩的水族館…
喔喔！接著要去水族館？
是沖繩美麗海水族館啊。

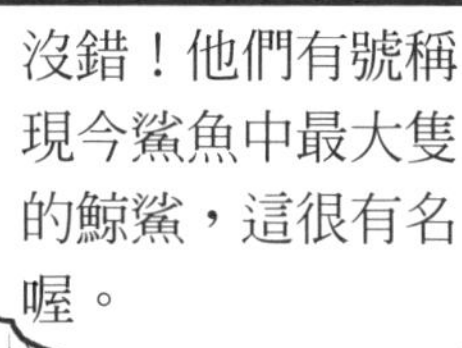

沒錯！他們有號稱現今鯊魚中最大隻的鯨鯊，這很有名喔。

有鯨鯊在的大水槽「黑潮之海」，也很壯觀呢！

哇！！
這是水槽！！！？

很大吧！
這是全球知名的大水槽唷！

這個大水槽，長 35m、寬 27m、深 10m，水量 7500m³，也就是 7500t！水槽正面的透明壓克力高 8.2m、寬 22.5m、厚 60cm，這壓克力板的總重量是 135t…！
好大…
白石的眼神變了！
爲承受 7500t 水壓而作的壓克力板…真是非常不得了啊……！！

7500t…實在太大了，腦中沒什麼概念。
到底是多少呢…
一頭巨大的非洲象，質量大約 7.5t…
所以水槽內的水的質量大約等於 1000 頭非洲象！！
嘯

這、這，水槽如果破了，就慘…
別擔心啦，這些設計都是經過精密計算的。
腿軟…
首先，設水槽壓克力板承受的「總力」爲P，可以用這樣子表示。

$$P = \rho g \bar{h} A$$

總力P就是流體的密度ρ與重力加速度g乘上到重心爲止的深度　，再乘上板壁的面積A。

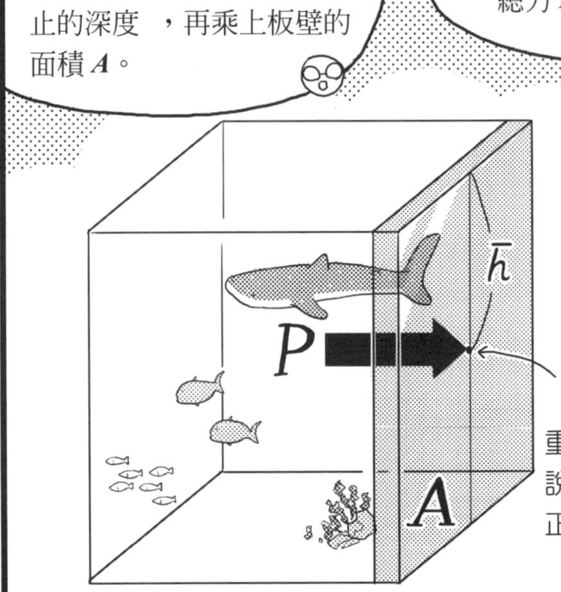
嗯？
好像先前聽過總力P…
$\bar{h}$
P
重心
A
重心，簡單
說就是板壁
正中央。

對耶
壓力 p 乘以面積 A，就是總力 P。
總力＝流體的密度×重力加速度×到達重心的深度×板壁的面積
重心的壓力（$\rho g\bar{h}$）
所以，因爲 $\rho g\bar{h}$ 代表板壁的重心的壓力，
$P=\rho g\bar{h}A$
就會變成
小水槽
P
$\bar{h}$
A
$P=\rho g\bar{h}A$
大水槽
P
$\bar{h}$
A
$P=\rho g\bar{h}A$
水槽愈大，$\bar{h}$ 和 A 就會愈大，所以 P 也會跟著變大。
爲了能承受較大的 P，水槽的板壁一定得跟著加厚才行。
原來如此一！所以美麗海水族館的水槽板壁才要那麼厚啊。
這麼一想…水族館也眞是深思熟慮呢…
啵——
鬼蝠魟的肚子眞的很白耶～

7 浮力

為什麼船不會沉呢？

沖繩真不錯啊，
真想找機會好好玩一次。
啪噠…
就是說啊～
藍藍的海…白色的砂灘…好遠好遠的海岸線…

我想起來了！白石同學！你還沒告訴我，為什麼船不會沉！！
哇～～～
哇
難不成和油一樣，因爲它密度比較小，所以浮著嗎！？不是這樣的吧！？
難道只有我不知道…其實船…全部都是用油做的嗎…？
嗯…妳猜錯了，船是鐵做的。

說起來，雖然船是鐵做的，但形狀眞像個臉盆耶。
嗚—
船之所以不會沉，秘密就暗藏在它的形狀裡。
它的形狀

沒錯。繪希，妳回想一下泡澡時，
想將臉盆壓進浴池，卻怎麼樣都壓不下去吧？
用力—
妳這麼一說，好像是這樣…

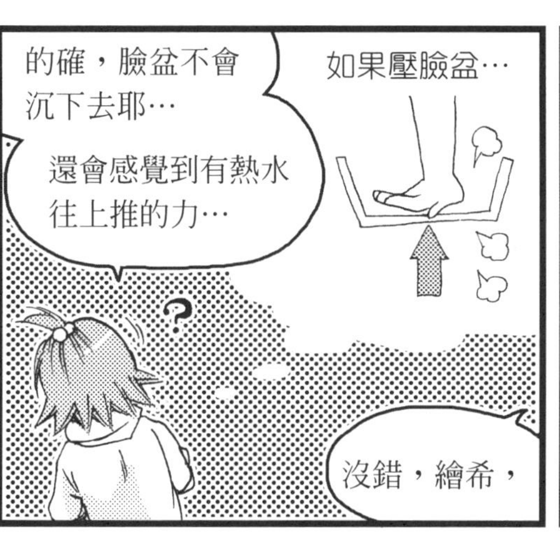
的確，臉盆不會沉下去耶…
如果壓臉盆…
還會感覺到有熱水往上推的力…
?
沒錯，繪希，

那就是不會讓船沉下去的力，
也就是「浮力」！

浮力的大小等同於「**物體排開的流體的重力**」，它會筆直朝上，浮力 B 可以用 $B=\rho gV$ 來表示。

ρ 是「流體的密度」，
V 是「物體排開的流體體積」。

浮力

固體

重力

海水

喔喔……!!

這裡要注意一下，這個ρ指的是流體的密度，而非固體（臉盆或船本身）的密度。

此處流體的密度則是海水的密度。

而「物體排開的流體體積」V是這裡，
斜線的部分！
浮力
重力
$B=\rho gV$
浮力＝流體的密度×
重力加速度×
物體排開的流體體積
啊啊！

也就是說，如果有體積相同的鐵球和鐵作的臉盆，

因爲臉盆的形狀可以排開較多的水，浮力就會變大！

嗯嗯！所以船才不會沉啊～

答對了！

沒錯，具體來說

就是要採用讓「物體排開的流體體積」V變大的形狀的意思。

那…那，如果載的不只是空氣呢！？
像是人呢！？行李呢？全都載上去的話，重力不就比浮力還大，船就要沉啦！！
!?
冷靜一點呀繪希～！

重力與浮力

浮力

重力

會剛好相互形成平衡，不要擔心！

浮力

船的重力

人的重力

浮力

人的重力

船的重力

重力增加

船向下沉

船推開的流體面積 V 增加

浮力增加

重力和浮力就平衡了！

浮力的個性很好，都會配合重力，

所以總是能像這樣與重力處於對等關係！

那麼…
今天我想就先講到這吧！
闔上
目前為止我們說了很多，覺得如何？

這樣我就安心了！
重力變大，自己也會變大…重力變小，自己也會變小，
浮力眞是值得欽佩啊。

嗯！很開心，
很淺顯易懂。
白石同學你
太厲害了！
妳能覺得開心，
我也很高興。

嗯…
但是啊…

只看著傳單幻想，假裝已經去過
外宿郊遊…我還是不喜歡這樣
啦！太無聊了啦！
大家一起真的去外宿郊遊啦～～
小茜學姐！！
嗚哇
哇哇
啊－
幹嘛啦！！
OKINAWA
眞要郊遊的話…
是要去哪裡，要做什麼？

那個…當然是要
熟能生巧啦！
在大自然中用肌膚去
感受流體力學啊！！
我…我也贊成
去外宿郊遊…

閃爍
亮晶晶
唔…

…眞是…
好吧。
！
但是就算要去，也只
能利用這次的連假，
否則也沒時間了。

連假時對吧，
交給我吧！
我會先想好非常棒的外宿郊遊計劃行程的！
砰！！
那麼，
大家辛苦啦～～！！
繪希那傢伙…說什麼先想好，
難不成要保密到郊遊當天才講嗎？
…雖然很期待，
不過還眞有點擔心…
呼
外宿郊遊～～♪
呼
呼
呼
呼
要去哪裡好呢～

第2章

流體的基本公式

1　流體力學中所使用的各種專業用語

河川！綠地！鳥叫聲！

這露營地真是棒耶～！

以繪希的品味來說，眞是不錯的選擇啊。

你們看你們看！！

還有小木屋耶，大家一起住吧。

好啦好啦。

喔喔～～
呼呼呼…

其實…這裡是很有名的鬧鬼景點，晚上會有東西跑出來呢…真是期待呀～…！
?
嗚呼呼呼呼
啊！

流麵耶！

作烏龍麵的東西也都準備好了，我們可以自己作流麵囉～

眞不愧是白石同學，注意力眞敏銳…！
這似乎也可以用來說明流體力學呢。

那麼就一邊準備烏龍麵，一邊來說明吧。
今天來介紹一些流體力學使用的用語、定理和公式！

意思是終於要開始學習眞正的流體力學了吧。
我要加油—
耶
～

在這之前，先把材料的份量分好…
熱愛作菜的血液蠢蠢欲動了…
喜不自勝
白石同學的另一種人格出現了！

※譯註：流麵爲日本的一種涼麵吃法，將涼麵裝在竹製的水道上使之沿水流流下，食用者再夾入碗中食用。

請不要改變唷（穩流與非穩流）

砰

首先來介紹穩流與非穩流。

水桶？爲什麼要特地用那個？
跟自來水來作比較時較爲容易說明。

當我們轉開水龍頭讓自來水流出，水流的速度不會隨著時間改變。
唰
速度 u＝恆定
這種不會隨時間改變速度的流動，我們稱爲「穩流」。

※接下來，主流方向的速度都以 u 表示。

換成水桶時，水桶內的水位會隨著時間下降，同時出水口的出水速度也會變慢。

這種速度與時間一起變化的流動，我們稱之爲「非穩流」。

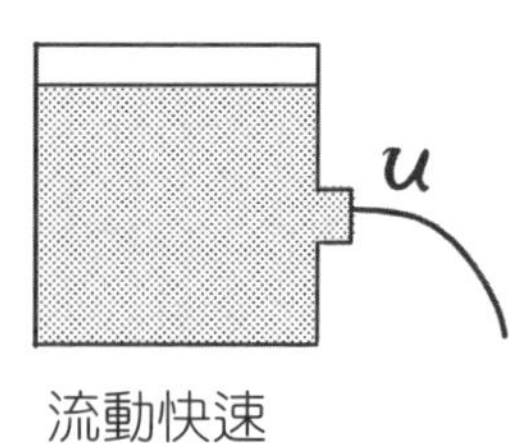

u

流動快速

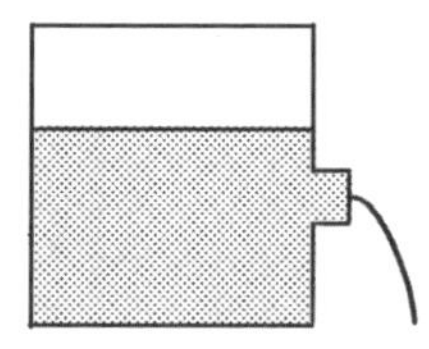

速度漸漸減緩

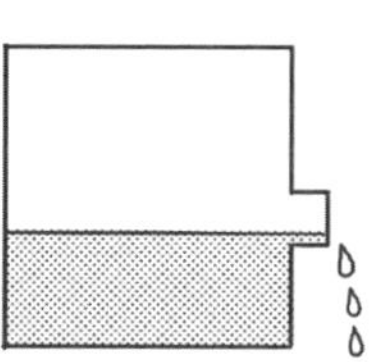

流動趨近於零

喔喔喔喔原來如此

繪希！妳又沒關水龍頭了！
對不起啦～～
繪希她家到底是…
水管流出來的水是穩流，水桶流出來的水是非穩流啊。
話說回來，我常因爲忘了關水龍頭被罵呢…

無論速度或方向都是一樣（均勻流與非均勻流）

接著我們把水加到竹水道上，讓水順著流下去吧！

噗嚕 噗嚕

在竹水道上的水，不管流到竹流下的任何一處，速度都會一樣。

我們取竹水道寬度的中心點O，流動方向設爲x，與它垂直的方向設爲y。

※1　嚴格來說，還是有相當小的v，但在此我們忽略它。

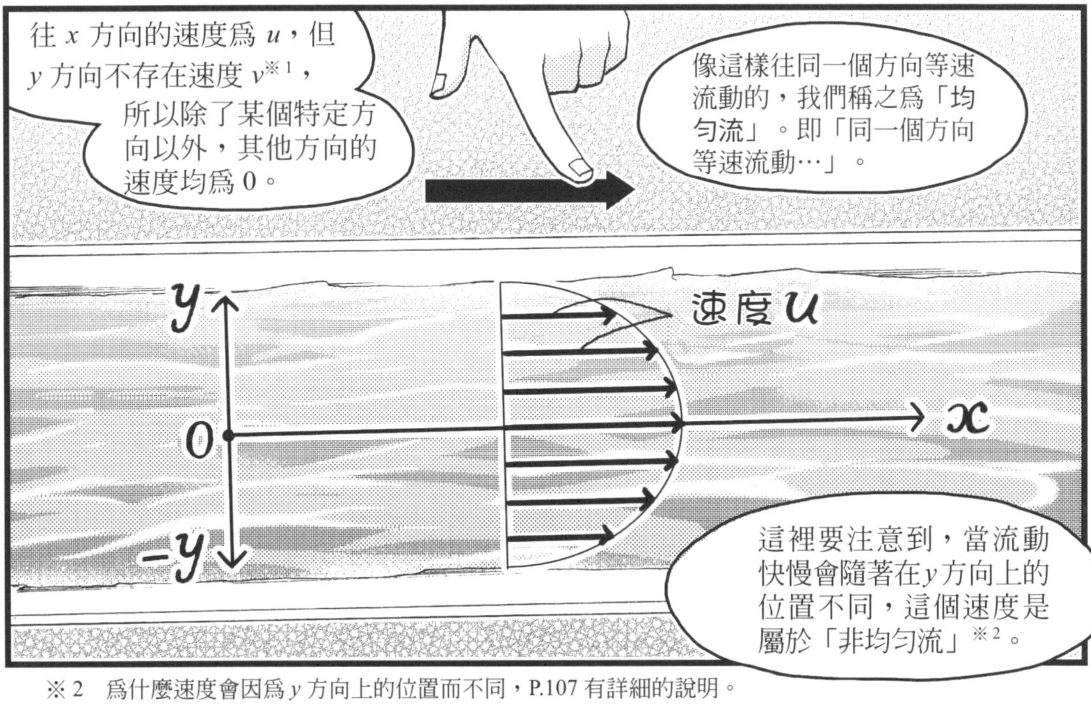

往x方向的速度爲u，但y方向不存在速度v※1，所以除了某個特定方向以外，其他方向的速度均爲0。

像這樣往同一個方向等速流動的，我們稱之爲「均勻流」。即「同一個方向等速流動…」。

y

速度u

0

x

$-y$

這裡要注意到，當流動快慢會隨著在y方向上的位置不同，這個速度是屬於「非均勻流」※2。

※2　爲什麼速度會因爲y方向上的位置而不同，P.107 有詳細的說明。

同樣地，同時有速度u與y方向速度v的流動，也稱爲「非均勻流」。
y方向的流動？
噗
是的
若是我把擀麵棍當成障礙物放進水中…

嘩啦
啦啦

水流的狀態…實在看不出來…
嘩啦啦
也是…

那來用這個吧！
可以看見水流狀態的方法…「使流動可視化」！
高筋麵粉
高筋麵粉？

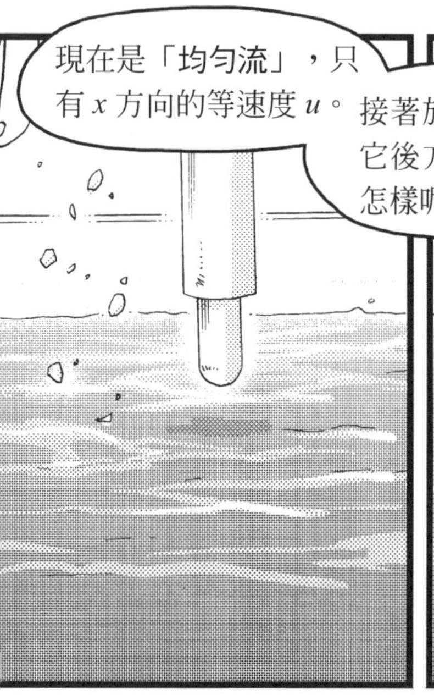
現在是「均勻流」，只有 x 方向的等速度 u。
接著放下擀麵棍，它後方的水流會變怎樣呢…

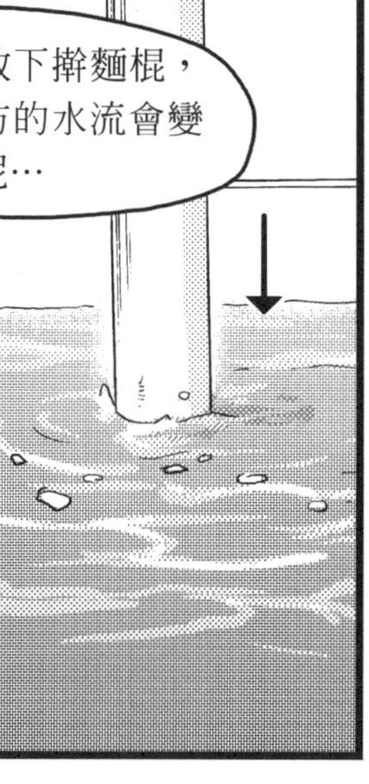

喔喔～
變了，變了！
就不是只有等速度 u 了。
沒錯。

這種情況時，流動除了某一方向外，還存在著其他速度。
也就是說，既有 x 方向的速度 u，也有 y 方向的速度 v。
y
速度v
x
O
擀麵棍
−y
速度u
原來如此～！
除了單一方向外，還存在著其他方向的速度，這就叫做「非均勻流」。
高筋麵粉

流體粒子君登場！（流速與流量）

接著來說說流速和流量吧。

首先請想像水是由這位流體粒子君所組成的。

大家好！

這個嘛…水也的確是由很多水分子組成的。

好可愛…

關於流速

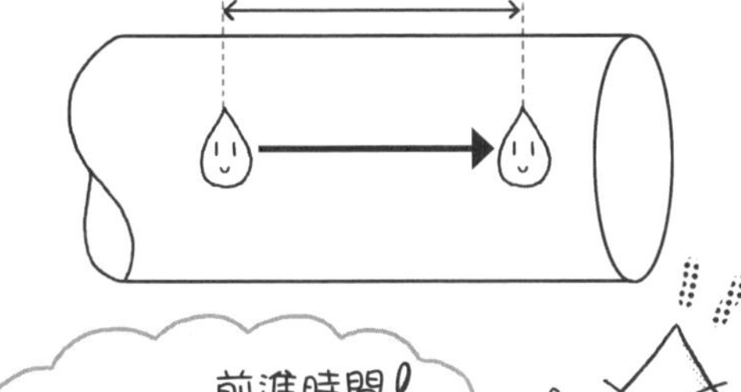
1 秒內（t）前進距離＝3m

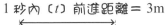

$$流速 u = \frac{前進時間 l}{時間 t}$$

因此，在這個例子中＝3m/s 唷。

單位和速度一樣！

[m/s]

像這樣「流體流動的快慢程度」，就稱做「流速」。

要注意到，流速是向量，而速率是純量。

關於流量

通過剖面積 $A = 6m^2$

流速 u = 3 m/s

流量 Q = 通過剖面積 A × 流速 u

因此，在這個例子中 ＝ 18 m^3/s 唷。

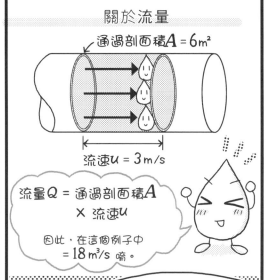

單位與流速類似！

[m^3/s]

接下來，「單位時間內通過流動路線剖面的流體體積」就稱做「流量」。

啊…原來如此，我開始懂了。

物理的力學	速度	體積	質量
流體力學	**流速** ＝流體的速度	**流量** ＝每單位時間通過的體積	**密度**※ ＝每單位體積通過的質量

※在考慮流體質量時，要使用密度。這點在 P. 73 有說明。

把物理的力學與流體力學整理一下，就像這樣。

沒錯。

跟蹤呢？還是埋伏呢？（拉格朗日法和歐拉法）

這邊我要來介紹兩種觀測流體流動的方法：
拉格朗日法和歐拉法。
想要觀測流體流動，一定得觀測流體粒子君。
至於要怎麼觀測流體粒子君，就讓我們來看看它們的差別吧！

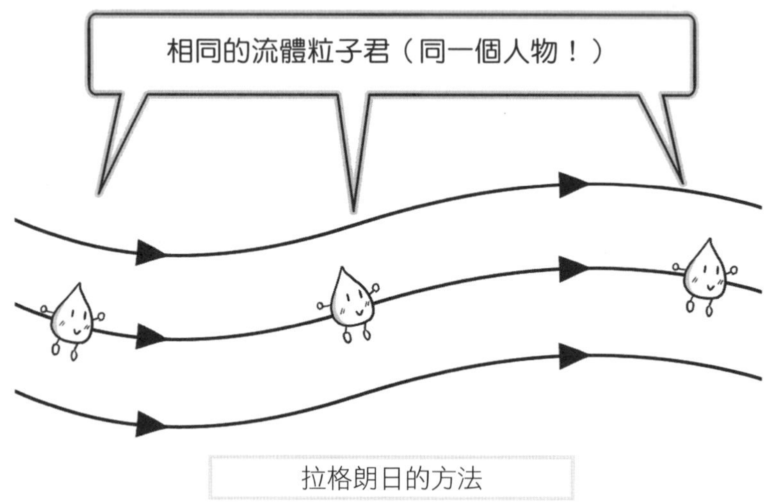
相同的流體粒子君（同一個人物！）

拉格朗日的方法

「**拉格朗日法**」是採取一直追蹤觀測同一個流體粒子君的方式。

噫——
像是跟蹤狂一樣！

這，比喻的好像不太好…

若要舉比較好懂的例子…就好像一直跟同一位馬拉松跑者一起跑步，邊跑邊觀察。

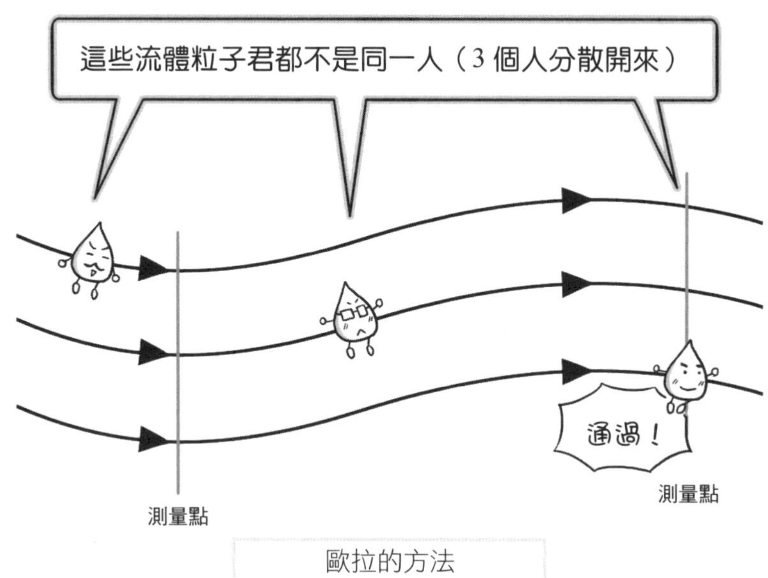
這些流體粒子君都不是同一人（3 個人分散開來）
通過！
測量點
測量點

歐拉的方法

「**歐拉法**」則是一直在同一個地方觀測，以測得通過那裡的流體粒子君的方式。

噫——
所以他一直埋伏在車站裡，盯著來往的行人吧…！

這該怎麼比喻好呢…

嗯嗯
就像一直待在同一個地方觀察馬拉松跑者的狀況吧！

這種線，那種線（流線、徑線及流管）

對流體粒子君比較熟悉後，接著就來講「流線」、「徑線」和「流管」吧！首先，請妳們先閉上眼睛。

流體粒子君現在正流動著。
在睜開眼睛那瞬間，A～B五位流體粒子君存在於這樣的空間裡，並且朝著箭頭的方向前進。

流體粒子
A 君

B 君

C 君

D 君

E 君

那麼請把流體粒子君的箭頭，滑順地連在一起吧！

嗯…，像這樣？

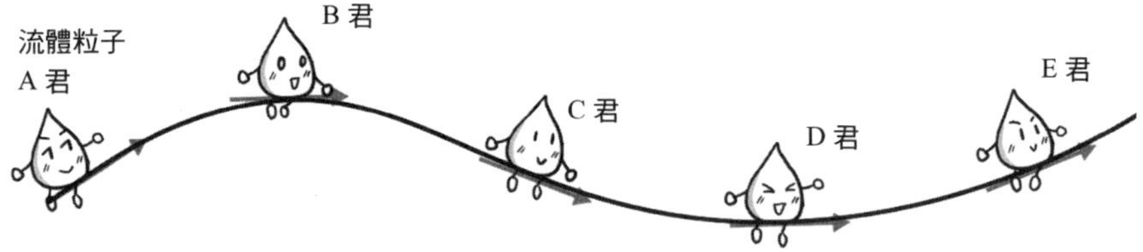
流體粒子
A 君
B 君
C 君
D 君
E 君

沒錯，簡單來說，這條連在一起的線叫作「流線」。
這樣不只是A君和B君之間的流動，甚至連整體的流動都變得比較容易想像與理解。

嗯嗯，也就是說，如果把速度向量接在一起畫出曲線，那條線就會是流線了。

另外，這邊有個很容易和流線搞混的「**跡線**」。
依剛剛提過的拉格朗日法，順著時間追蹤同一個流體粒子，將這連結在一起的就是跡線。

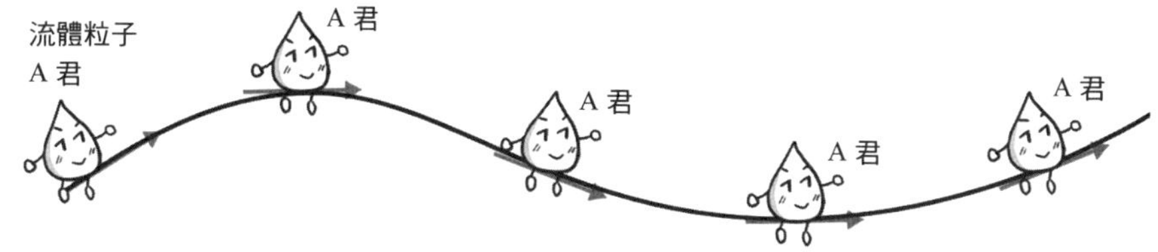

流體粒子
A 君
A 君
A 君
A 君
A 君

也就是這條線只跟蹤A君的意思。

當流動爲穩流時，流線和跡線是一致的，但非穩流時就不是。

再來，將剛剛的流線（不是跡線）取適當的數量圍綑在一起，會出現一條假想的管道，我們就稱爲「**流管**」。另外，流線不會相互交叉。

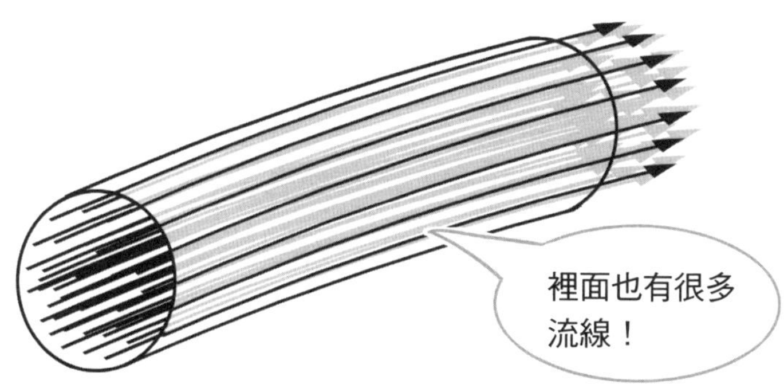

裡面也有很多
流線！

流線、跡線和流管…每個都是不同的東西呢！

特別是**流線**在後面還會出現很多次！請用心記下來喔！

玩水學到的知識
（對流體的作用力）

速度與流速…體積與流量…總覺得物理的力學和流體力學有點像耶！
該不會還有其他相似的部分吧？
揉捏揉捏
眞不愧是繪希，問得好！

社長！請幫我一下忙！
烏龍麵團正捏著不能不管。
這麵團…我是沒捏過啦。

那麼繪希，我們就先從「力學」開始說起吧！
物理的力學中，對「物體」的作用力有三種。
外力
重力
摩擦力
三種對物體的作用力的圖示
捏捏
揉揉
重力・摩擦力・外力！
麵團在木板上被擠壓的狀態，就是因爲外力超過摩擦力啦！

接著要談到「流體」。
這些水一直往下流，是因爲什麼力呢？
揉捏
揉捏
啊
重力！
答對了！

喀啦，喀啦
接下來，若是我們攪拌杯中的水之後，將它靜置…

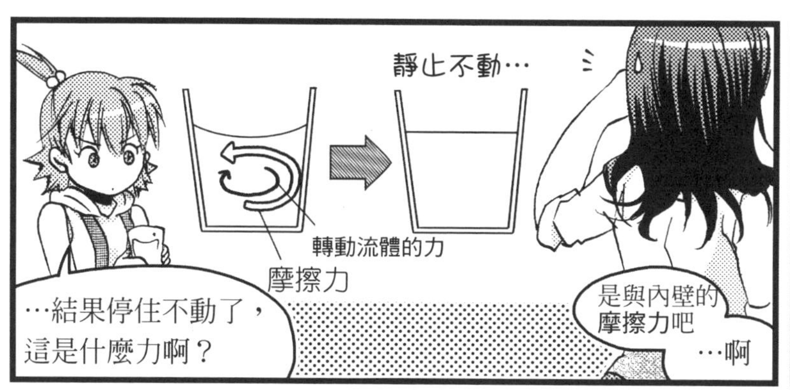

靜止不動…
轉動流體的力
摩擦力
…結果停住不動了，
這是什麼力啊？
是與內壁的
摩擦力吧
…啊

原來是這樣啊
?
繪希來吧，講
最後一種囉。

試著把手朝河水流動
的反方向動一動，
水的流動會像剛剛
一樣改變。
嘩啦
嘩啦
嗯嗯…手碰到涼涼
的水，感覺眞舒服
啊～…

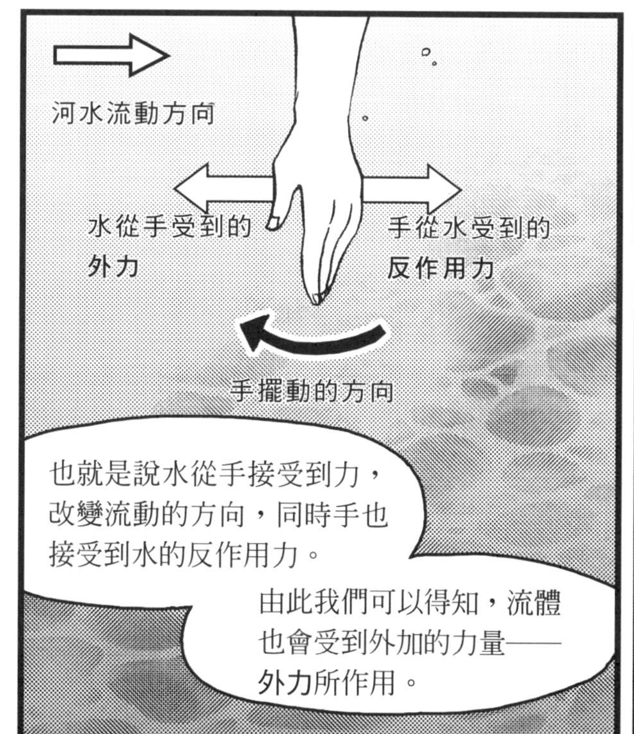

河水流動方向
水從手受到的
外力
手從水受到的
反作用力
手擺動的方向
也就是說水從手接受到力，
改變流動的方向，同時手也
接受到水的反作用力。
由此我們可以得知，流體
也會受到外加的力量——
外力所作用。

那麼這是怎麼
回事呢？
咦？

重力・摩擦力・外力
這好像在哪兒講過……
啊啊！！

和三種對物體的作用力
一樣！！
畢竟也是先有物理的力學作爲基礎，流體力學才能成立…的嘛。
除了這些力以外，還有垂直施加於物體表面的壓力，以及會產生錯位的剪力…
（詳細請參閱下一頁 P.63）
這些力都和物體一樣會在流體內部作用。

是喔—…
物體和流體都以同類的力作用啊…
…那是怎麼一回事？
那個啊，
就是物理力學中的各種法則，也能在流體中運用的意思。
戳
戳
戳
戳
身爲物研社的社員…妳總該聽過質量守恆定律、能量守恆定律和動量守恆定律吧？

定、定律嗎…
咄咄逼人
放心吧繪希，

之後，我會慢慢地講解重要的流體力學定律！
一起加油吧！
白石同學，眞是可靠！謝謝啦～～！

現在要先等麵團發酵，講解完時間應該也剛好！
喔喔～
不管到了哪裡都是料理狂啊…

試著移動撲克牌吧（剪力）

呼呼呼⋯

白石啊，剛剛有出現一個名詞叫「剪力」，物理的力學也沒學過，這到底是什麼力？

它是**產生錯位的力**，這種力在流體內部也會和在物體內部一樣起作用。

產生錯位⋯嗯～摸不著頭緒呀。

這邊有一疊撲克牌。
我若把手壓在最上面這張牌並且挪動的話⋯看！連下面的牌都跟著被挪動了。

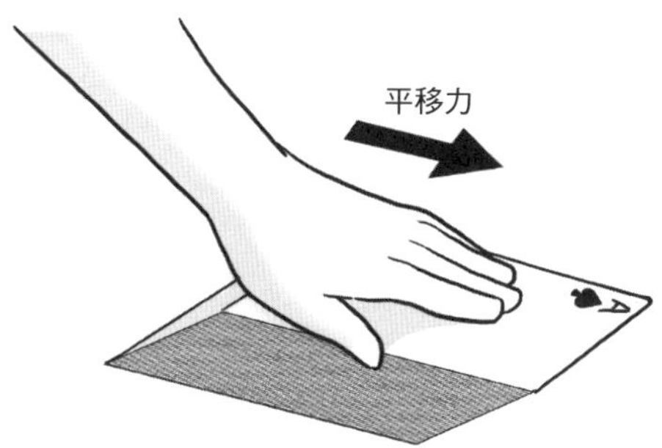
平移力

這時**出現在內部，產生錯位的力**，就是剪力啦。

嗯嗯，從正側面來看就很好懂了。
受到平移力挪動，整疊變得像平行四邊形。

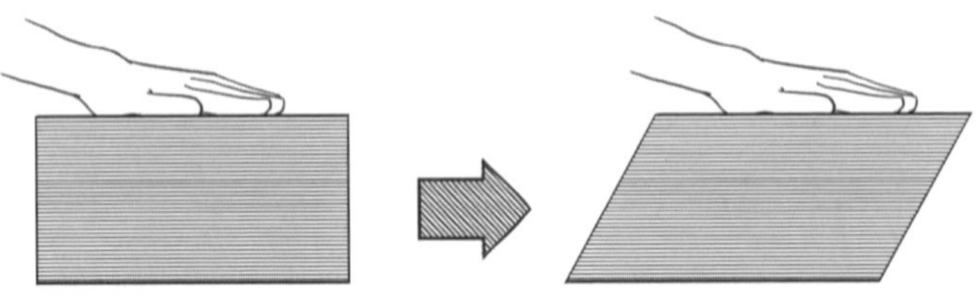

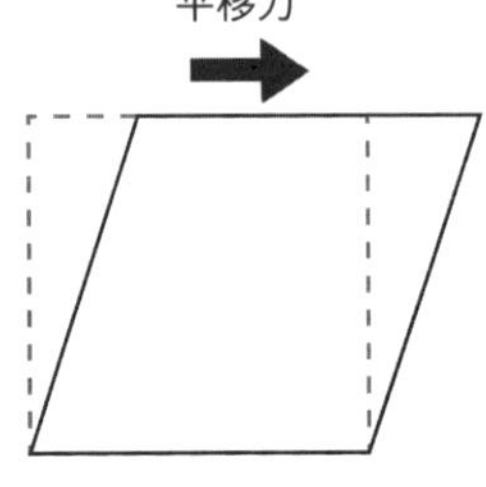
平移力

這就是受到剪力變形！

那麼接下來，我們套進流體來思考看看。
在水槽裡的水面上放一塊板子，並且試著挪動它。

從水槽正側面看它的狀態，流速u的分布會變成這樣。

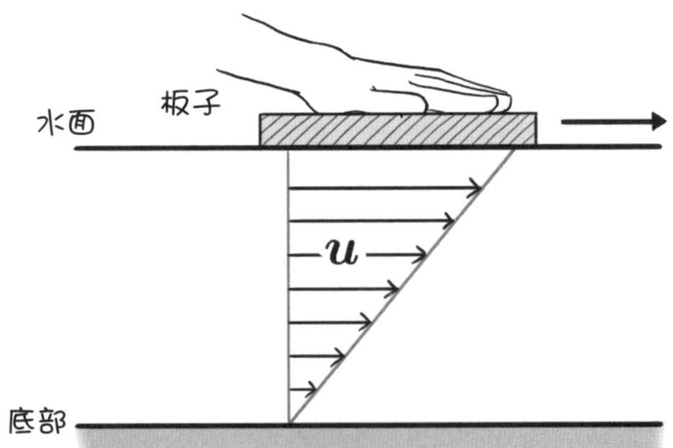
水面
板子
u
底部

原來如此。
挪移最上面，連下方都會慢慢地錯開來。
依據從水面算起的深度，會產生不同的流速。

所以這時候產生的就是剪力吧！

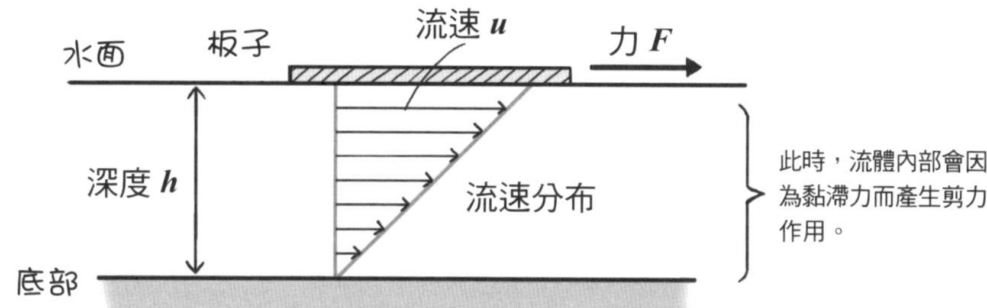
水面
板子
流速 *u*
力 *F*
深度 *h*
流速分布
底部
此時，流體內部會因為黏滯力而產生剪力作用。

移動水面時水面下方的流速分布

整理一下目前為止講過的，就會像上圖這樣。
今後還會出現很多流速分布的圖，請先熟悉一下。
另外，流體的剪力是因為**黏滯力**而產生的。
關於**黏度**以及**黏滯力**，之後會再詳細講解。
（黏度相關部分，請參閱P.98）

好～！

2 連續方程式

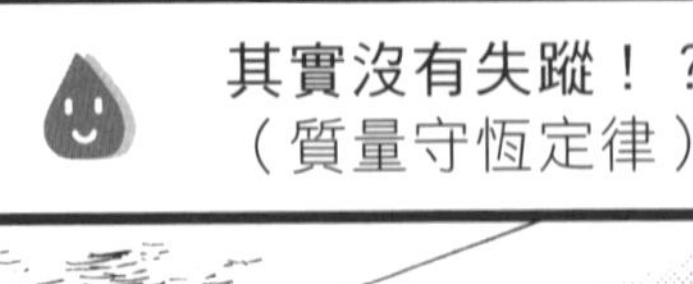

其實沒有失蹤！？
（質量守恆定律）

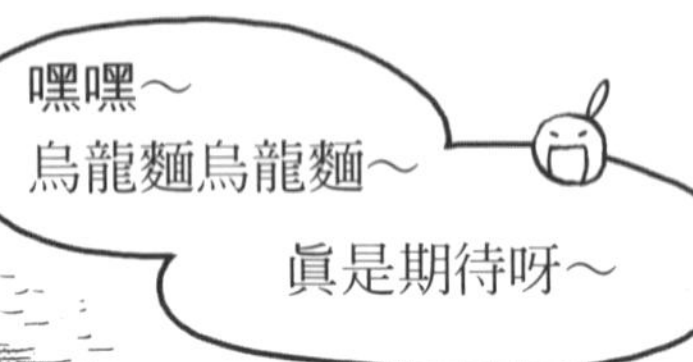

嘿嘿～
烏龍麵烏龍麵～
真是期待呀～
Wait a minute…

水管啊，
太好了，
我們就用它來說明流體的質量守恆定律吧！
質量守恆定律？

喂喂…繪希不要一直玩，
我要洗手。
不過還是有點悶…
定律什麼的都不懂～…

此時，流體的流量（每單位時間通過水管剖面的流體體積）無論是流進或流出水管時，都完全不會改變。
進入水管的流體粒子A君
從水管出來的流體粒子A君
也就是說，從水管進去的流體粒子A君，最後終究會流出水管外。

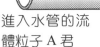

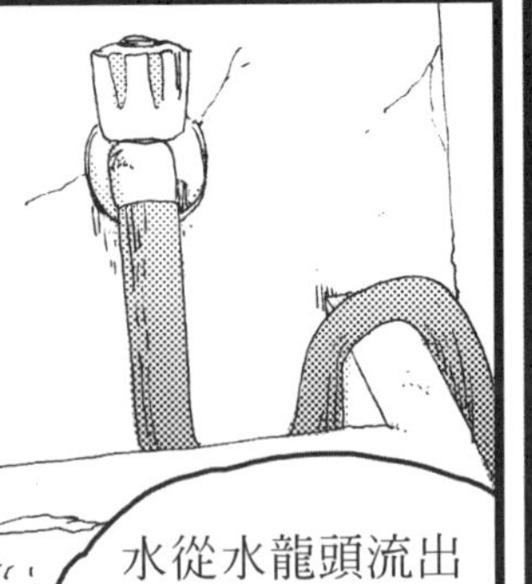

水從水龍頭流出後通過水管，終究會從水管的出口流出來。

當然是這樣啊！要是中途消失不見，那不就是失蹤了！
哼
哼
啊哈哈
雖說這是理所當然…但這又怎麼了？

其實流體的質量守恆定律講的就只是這些道理！
得意！
什麼
這麼理所當然的事就是定律！？

在流體力學裡，這種定律也稱爲「連續方程式」。
什麼嘛…
這也太簡單了…
這定律，哪裡派得上用場？

正因爲它非常簡潔，所以更是不能忘記的重要定律，
有了它，我們才得能作各種計算。
比方說…

哇！！
當我們想要讓水噴得遠一點，就會這樣捏住水管吧？
啪唰
那麼，爲什麼這樣子水就可以噴得遠呢？

這太理所當然，
反倒不知道…
啊!
超能力之手！！？
正確答案是，「因為手使水管前端的剖面面積變小」。

和前面提到的一樣，每單位時間——1 秒內流過的流體體積，我們稱為「流量」，以 Q = Au 表示。
（參閱 P.55）

由於 $Q = Au$，無論是通過水管前端剖面積 A_1 時，還是通過變小的剖面積 A_2 時，流量 Q 都是一樣。

$Q = Au$ 的公式中，由於 $A_1 > A_2$，所以 $u_1 < u_2$。

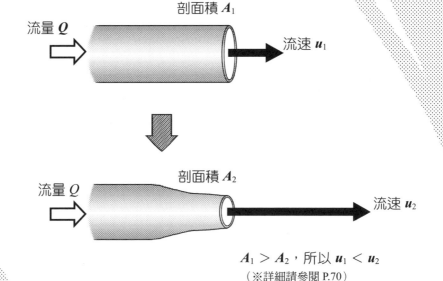

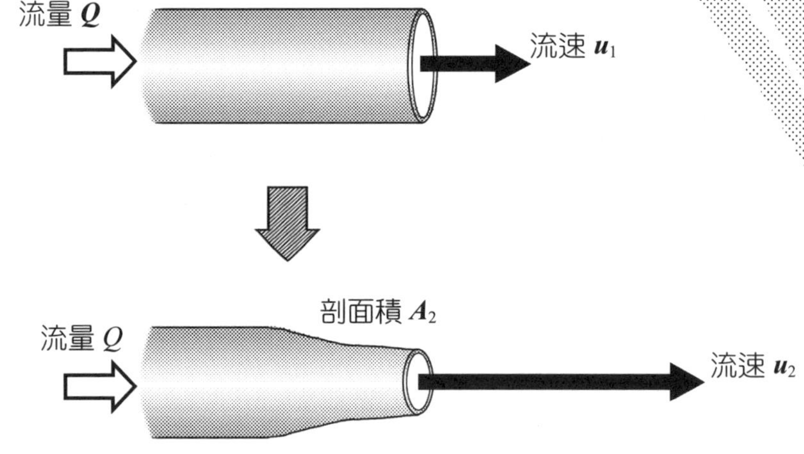
剖面積 A1
流量 Q
流速 u1
剖面積 A2
流量 Q
流速 u2

$A_1 > A_2$，所以 $u_1 < u_2$

（※詳細請參閱 P.70）

啊～原來呀

即使水管的剖面積改變，從水龍頭出來而流進水管的水流量，和流出水管的水流量都是一樣的。

因為水管的出口剖面積變小，流出水管時的速度，若不變快，流量就不能維持一樣了…

鏘～鏘

流量

原先的流速

變化後的流速

$$Q = A_1 u_1 = A_2 u_2$$

水管源端的剖面積

縮小後的剖面積

若寫成公式，「連續方程式」是這樣表示。

從這個公式可以得知，流量若是維持不變，剖面積愈小流速會愈快。

這個「連續方程式」就是表示質量守恆定律的公式對吧！

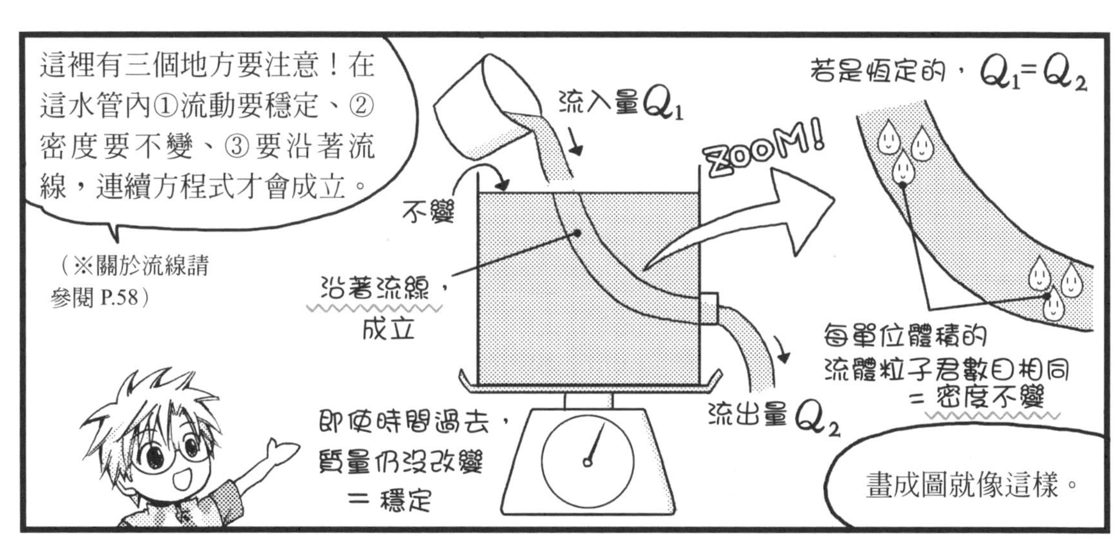

這裡有三個地方要注意！在這水管內①流動要穩定、②密度要不變、③要沿著流線，連續方程式才會成立。
（※關於流線請參閱 P.58）
流入量Q_1
不變
沿著流線，成立
ZOOM!
若是恆定的，$Q_1=Q_2$
每單位體積的流體粒子君數目相同＝密度不變
流出量Q_2
即使時間過去，質量仍沒改變＝穩定
畫成圖就像這樣。

原來如此…雖然看到時有點複雜，但其實很簡單嘛。
因為一下有A、一下u，就想得太難啦！
白石同學心腸真壞～！
噴

…壞心的是妳吧，繪希
嚇！！
濕淋淋

Follow-up

～關於連續方程式～

那麼就在此詳細說明連續方程式。

為什麼在流量Q一樣的情形下，流動的剖面積A愈小，其對應的流速u卻愈大呢？

設如下圖所示，剖面積A的水管裡有水以流速u流動，我們要試著以此求出流量。

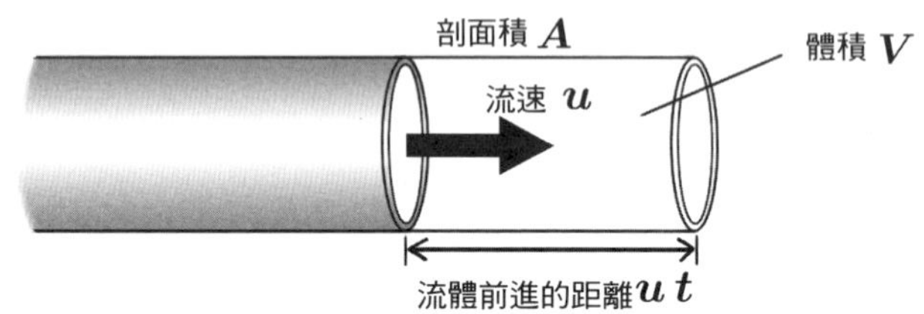

剖面積 A
體積 V
流速 u
流體前進的距離u t

時間t之內從水管流出的水的體積V，可以寫成下面這樣。

$$V = uAt$$

（流速×剖面積×時間）

流量 Q （每單位時間流出水的體積）

由此可知，單位時間（一秒）內流出的體積，也就是前述的流量Q，只要用體積V除以時間t就可以了。

$$Q = \frac{V}{t} = uA$$

流量　　（流速×剖面積）

另外當我們已知一流動的流量Q時，若是知道剖面積A，該流動的流速u就能用$u = Q/A$（流速＝流量÷剖面積）來求出。

請注意看這個式子，可以看出u與A是呈反比的關係。

因此，當流量Q相同時，若流動的剖面積A愈小，與它相對的流速u就會愈大。

3　白努利定律

坐雲霄飛車吧！（物體的能量守恆定律）

那麼，在進入「流體的能量守恆定律」白努利定律前…

先來復習「物體的能量守恆定律」。

我們在這邊啦…白石

物體的能量守恆定律就是「動能加位能（勢能）的總和不變」的定律…

各就各位，
準備起跑！！

運動…？位置…？？

繪希…那個啦，

回想一下妳最喜歡的雲霄飛車。

那種遊戲設施不就是位置愈低，速度會愈快嗎？

對耶！

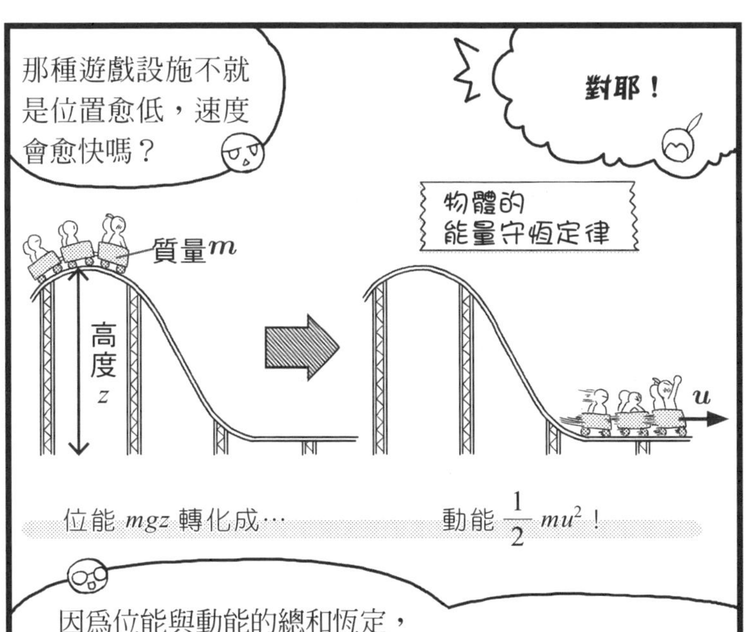

物體的能量守恆定律
質量 m
高度 z
u

位能 mgz 轉化成…　　動能 $\frac{1}{2}mu^2$！

因為位能與動能的總和恆定，
$\frac{1}{2}mu^2 + mgz =$ 固定。

這是解釋位能愈減少，動能就會增加的最好範例。

在流體部分，除了動能和位能以外，還有一種能，

我們稱之為「壓力能」！

NEW!!
壓力

什麼東西啊！物體的能量守恆定律裡，沒有這種能嗎？

沿著流線旅遊吧（流體的能量守恆定律：白努利定律）

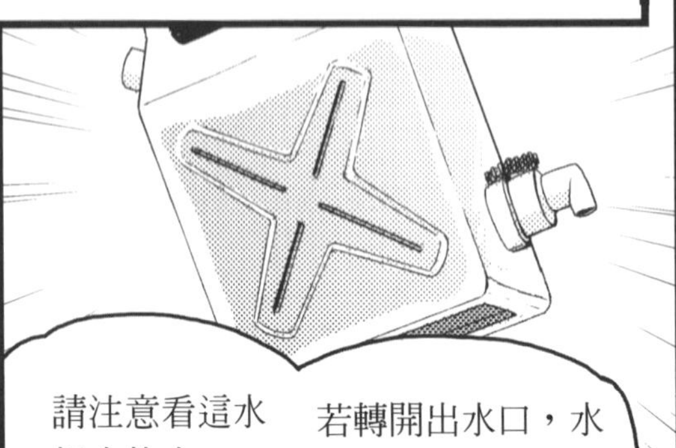

請注意看這水桶中的水，
若轉開出水口，水會大量地流出來。

此時，水桶中的流體會產生什麼樣的能量變化呢？讓我們沿著流線觀察看看。
（※關於流線，請參閱 P.58）
這是從側面看水桶的圖。

妳們覺得 A、B、C 的能量會變成什麼呢？

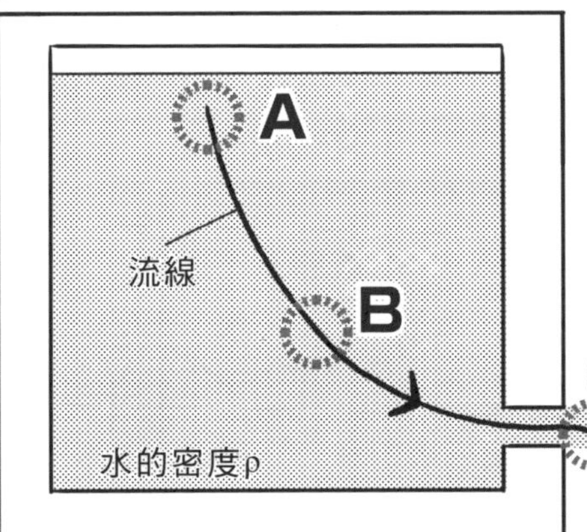

A
流線
B
C
水的密度ρ

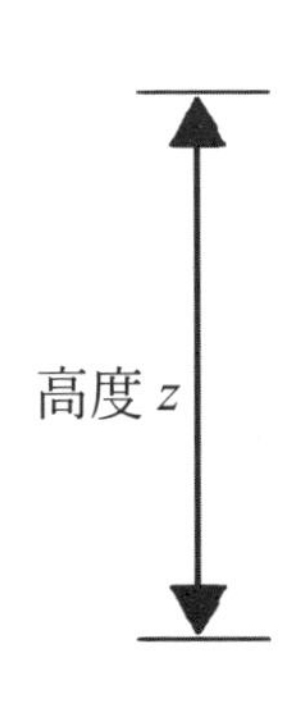

高度 z

A 在高處，所以位能好像很大～

C 的位置比較低，而且又有速度…動能不是很大嗎？

妳說的沒錯！此外，請特別注意 B！

這裡水深增加，壓力變大，壓力能也會跟著變大。

潛水時的回憶

我知道，水深的地方，水中的壓力也很高嘛～！

物體能量 ＝ 動能 ＋ 位能

不變

就像剛剛雲霄飛車的
能量守恆定律
（物體的能量）＝
（動能）＋（位能）爲不變…

其實，流體也能以
（流體的能量）＝
（動能）＋（壓力能）＋（位能）
爲不變的方式來表示之！

流體能量 ＝ 動能 ＋ 壓力能 ＋ 位能

New!!

不變

這裡要注意，能量守
恆定律必須沿著流線
才會成立。

哇—………
所以說，流體上的A、B、C 無論在什麼位置，流體的能量總和都是一樣的…

此外因爲流體沒有固定的形狀，所以質量 m 部分我們就以「密度ρ」來考慮它的能量。
繪希，還記得密度是什麼嗎？
就…就是，怎麼說咧，就像這種大小的東西的量！
這個
正確答案是…
密度＝每單位體積的質量

整理一下剛剛講的所有東西，

就是流體在流線上時，動能、壓力能、位能的總和不變。

所以這個公式就是表示**流體平均單位體積的能量守恆定律**吧！

物體能量公式中的質量 m 在這裡改換成密度（平均單位體積的質量）ρ 了。

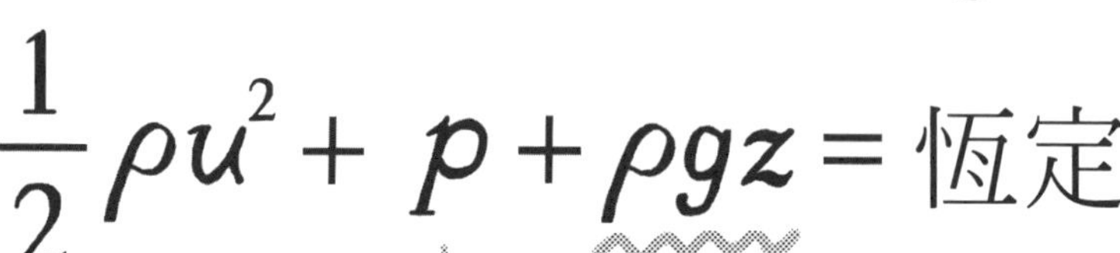

$$\frac{1}{2}\rho u^2 + p + \rho g z = \text{恆定}$$

動能　　壓力能　　位能

因為能量的單位是〔**Pa**〕，所以也能寫成這樣，

這個定律被稱為**白努利定律**，而公式就被稱為**白努利方程式**。

$$\frac{1}{2}\rho u^2 + p + \rho g z = E \ \text{〔Pa〕}$$

這裡最重要的一點，就是必須沿著流線，定律才會成立。

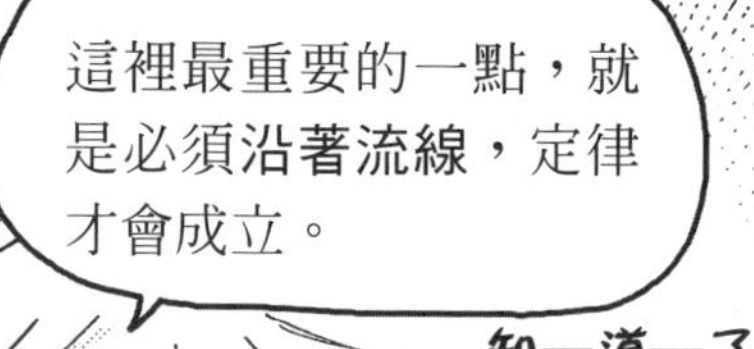

知一道一了

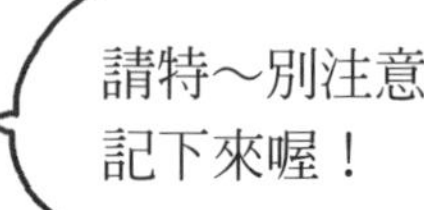

請特～別注意記下來喔！

稍微提一下發展起源…有個公式將物體的運動方程式（$F = ma$）運用在流體的運動方程式，它叫作**歐拉運動方程式**。

白努利方程式就是將歐拉運動方程式沿著流線積分而成的。

想出白努利方程式的人是荷蘭的數學家丹尼爾．白努利（Daniel Bernoulli），他的父親和叔叔也都是數學家，據說他的才能，甚至令他父親相當嫉妒。

Follow-up

～關於能量單位～

這裡就來整理有關能量E的單位〔**Pa**〕吧！

〔Pa〕之前也曾以壓力p的單位出現過（參閱P.19）

當時寫成〔Pa〕＝〔N/m^2〕，那麼為什麼它又能變成能量**E**的單位呢…？

爲了解開這個疑惑，請先看這個式子。

關於能量的單位〔**Pa**〕

$$[\mathrm{Pa}] = \left[\frac{\mathrm{N}}{\mathrm{m}^2}\right] = \left[\frac{\mathrm{N \cdot m}}{\mathrm{m}^3}\right] = \left[\frac{\mathrm{J}}{\mathrm{m}^3}\right]$$

〔Pa〕可以像這樣轉換！

這裡你可能會第一次看到〔**J**〕，它唸作「焦耳（joule）」，是能量的單位。

將**J**除以m^3，因爲m^{3}是1m的立方體，也就是「每單位體積」…

$$[\mathrm{Pa}] \overset{\text{相等！}}{=\!=\!=\!=} \left[\frac{\mathrm{J}}{\mathrm{m}^3}\right]$$

嗯嗯

也就是說，Pa就是**每單位體積的能量**！

剛才也已經說明了「能量是以密度（也就是每單位體積的質量）來作爲考量基準」（參照P.73）。

所以，Pa也能當作能量的單位。

踩到水管了！
（流速與壓力的關係）

爲了能更深入瞭解白努利定律，我們來做個小實驗吧！

我待會會踩住水管中間，

請妳們觀察水管口那邊的流速有沒有改變。

好恐怖

…虐待水管…好過份…

不不，這是必要的犧牲。

好，我踩住囉！
水流有什麼變化嗎～？
我踩
沒變啊～
我倒是覺得水管口的流速變了呢…
啊，太好了！

太・好・了？

現在的狀態畫成圖表，會像這樣。

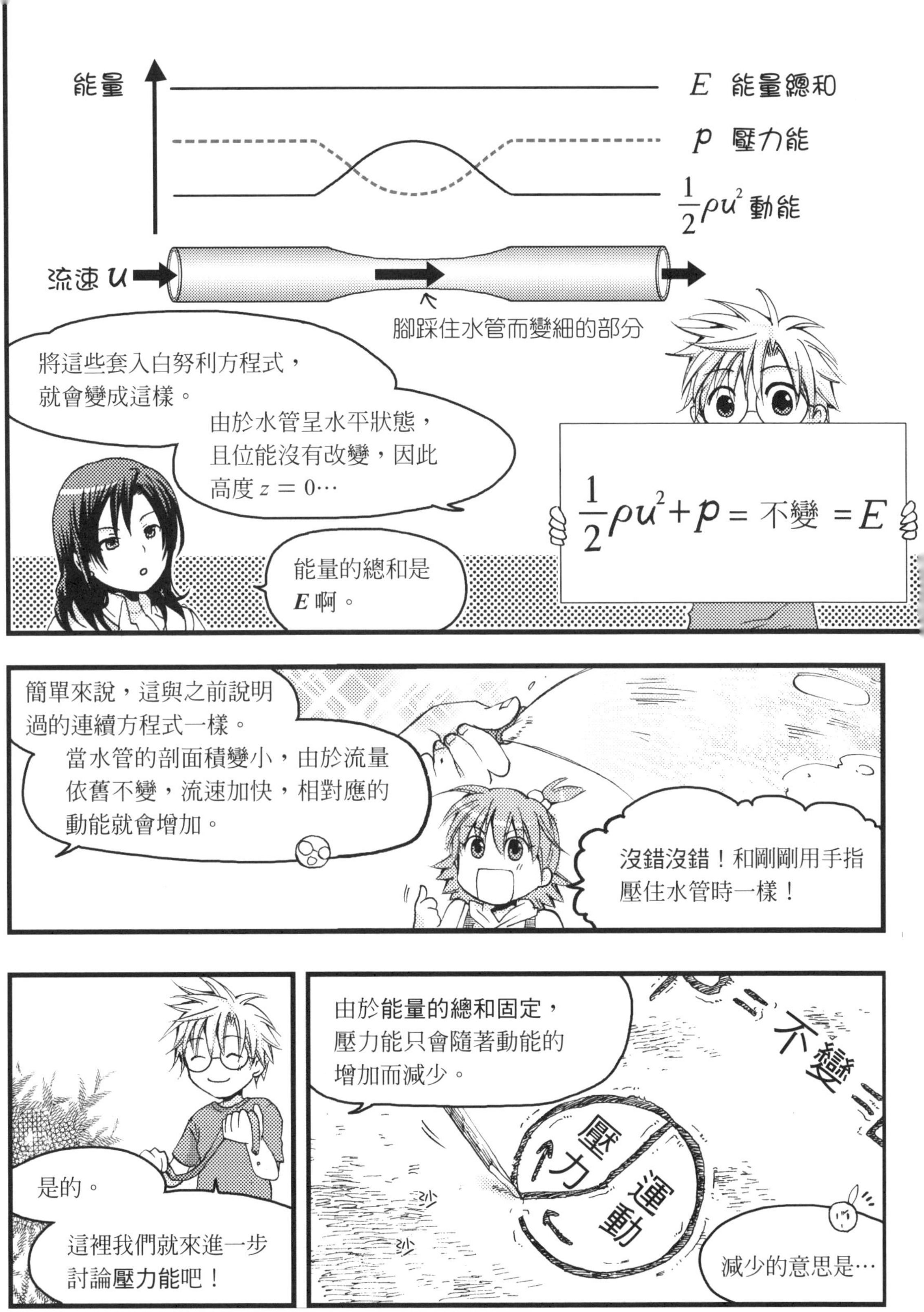

能量

E 能量總和

p 壓力能

$\frac{1}{2}\rho u^2$ 動能

流速 u

腳踩住水管而變細的部分

將這些套入白努利方程式，就會變成這樣。

由於水管呈水平狀態，且位能沒有改變，因此高度 $z = 0$…

$$\frac{1}{2}\rho u^2 + p = \text{不變} = E$$

能量的總和是 **E** 啊。

簡單來說，這與之前說明過的連續方程式一樣。
當水管的剖面積變小，由於流量依舊不變，流速加快，相對應的動能就會增加。
沒錯沒錯！和剛剛用手指壓住水管時一樣！

是的。
這裡我們就來進一步討論壓力能吧！
由於能量的總和固定，壓力能只會隨著動能的增加而減少。
＝不變＝
壓力
運動
沙
沙
減少的意思是…

一般直覺會認為，水管變細時會變得比較難流動，壓力也會變大…

其實，壓力是會變小的喔。

是啦…！

咦咦！？？

意思就是壓力會變小！？

出乎意料耶—！

舉個簡單易懂的例子，就拿這個來說吧！

請

看

空罐？什麼時候有這個東西的？

其實是我剛剛偷偷地喝了果汁…

請從兩個空罐之間，用力吹一口氣。

這…這樣嗎？

呼
!!?
黏在一起了！
兩個罐子彼此吸住了！
沙
沙

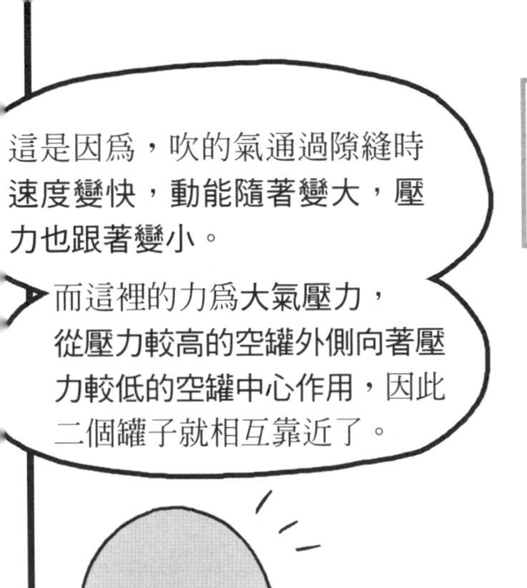

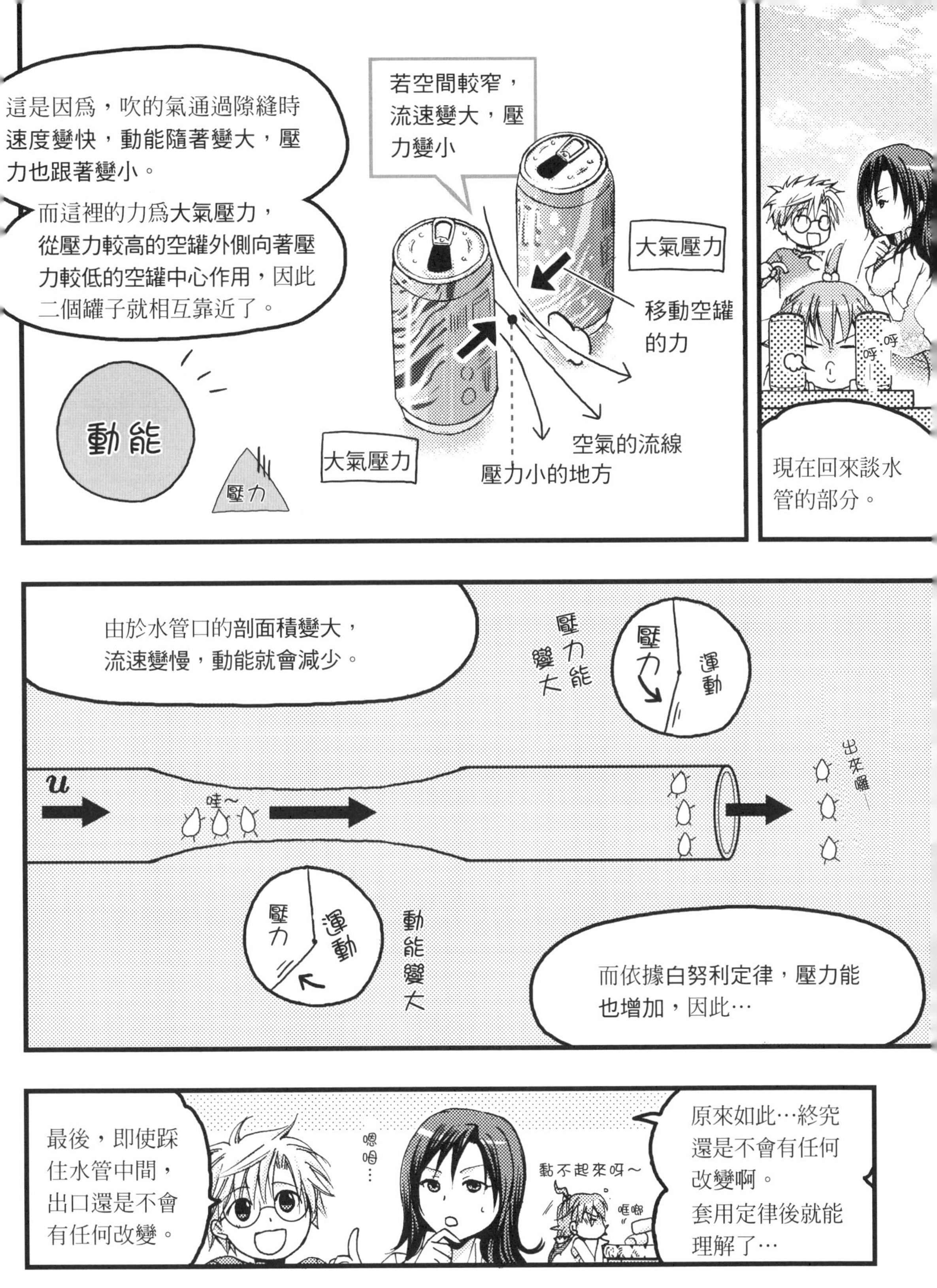

這是因爲，吹的氣通過隙縫時速度變快，動能隨著變大，壓力也跟著變小。
而這裡的力爲大氣壓力，從壓力較高的空罐外側向著壓力較低的空罐中心作用，因此二個罐子就相互靠近了。
動能
壓力

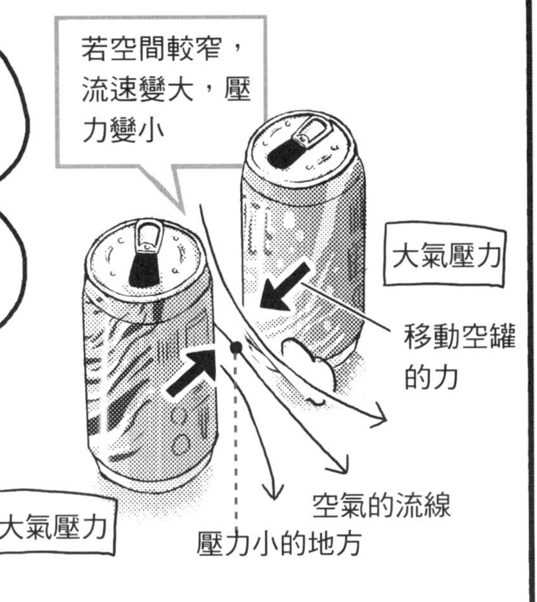

若空間較窄，流速變大，壓力變小
大氣壓力
移動空罐的力
空氣的流線
大氣壓力
壓力小的地方

呼
呼
現在回來談水管的部分。

由於水管口的剖面積變大，流速變慢，動能就會減少。

壓力能變大

壓力

運動

u

哇～

出來囉——

壓力

運動

動能變大

而依據白努利定律，壓力能也增加，因此…

最後，即使踩住水管中間，出口還是不會有任何改變。
嗯唔…

動不起來呀～

哐啷

原來如此…終究還是不會有任何改變啊。

套用定律後就能理解了…

4　動量守恆定律

來玩牛頓擺吧
（動量守恆定律）
我有個要求！
在講流體之前，請先教物體的動量什麼東西的！
賞巴掌！
動量守恆定律！
終於到最後了，接下來來談流體的動量守恆定律吧！

我就知道會這樣，所以特別準備好了！

首先我們先以這個來詳細說明物體的動量守恆定律囉！

請　看

喔喔…！牛頓擺（碰撞儀）耶！白石同學你準備得眞周到！

…我們的社員…
怎麼都這樣…

嗯嗯

就像換了枕頭就睡不好吧？

其實…我每晚睡前，都會玩一玩這個…

今晚如果也睡不著的話就麻煩了所以…

緊張
期待

那麼，請仔細看著這個牛頓擺唷。

從左邊撞擊一顆球，右邊就會彈起一顆球。

※球原本的位置以虛線、當下的位置以實線來表示。

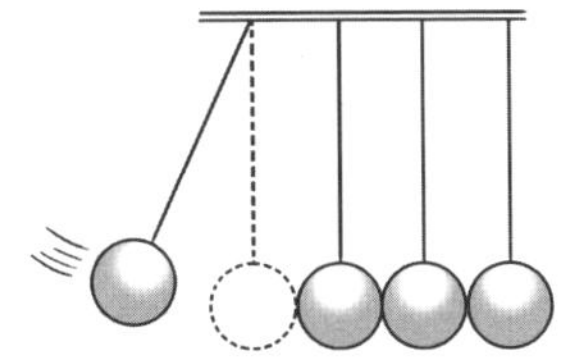

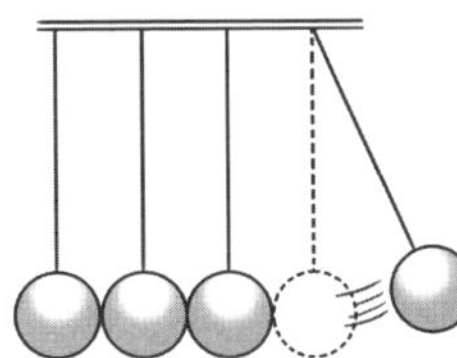

從左邊撞擊兩顆球，右邊就會彈起兩顆球。

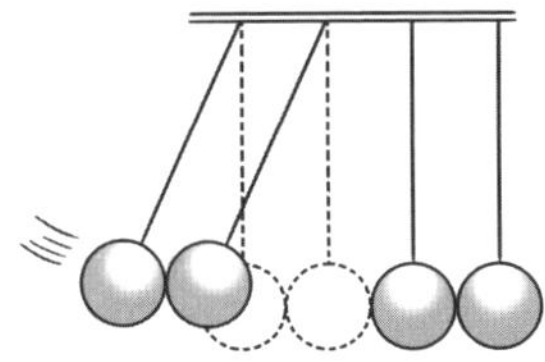

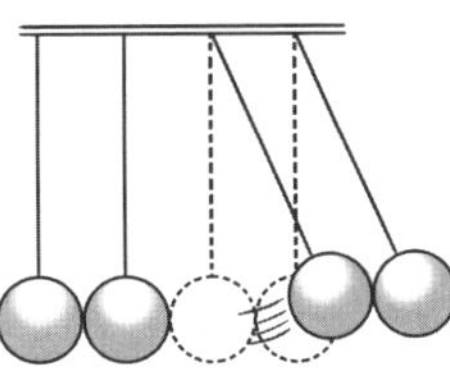

還有更好玩的！若是我把球拿遠 10 公分再碰撞的話…

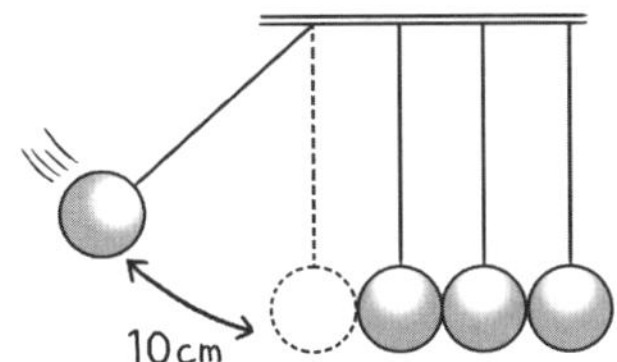
10cm

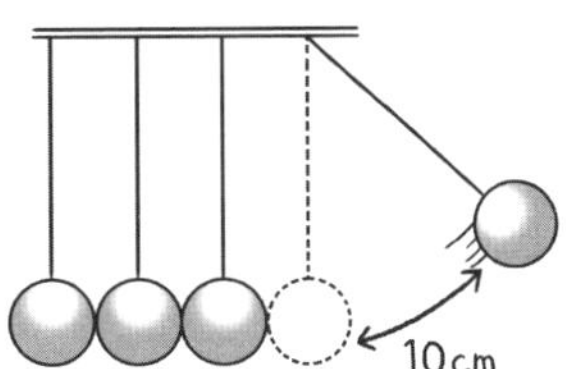
10cm

哇～！右邊的球也彈起來 10 公分了…！

那麼，這些球的運動可以用這種方式來說明。

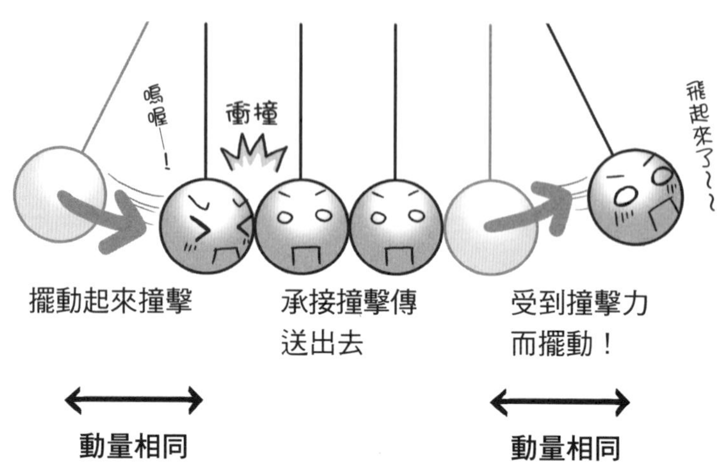

嗚喔—！
衝撞
飛起來了～～
擺動起來撞擊
承接撞擊傳送出去
受到撞擊力而擺動！
動量相同
動量相同

左側撞擊前的速度 $\boldsymbol{u}_1$ 與質量 $\boldsymbol{m}$ 的積，和右側被撞飛的球體速度 $\boldsymbol{u}_2$ 與質量 $\boldsymbol{m}$ 的積會相等。

這種球的質量 $\boldsymbol{m}$ 與速度 $\boldsymbol{u}$ 的積，就稱爲**動量**。

也就是說，動量就這樣被接收並傳遞出去。

這就是有名的「**動量守恆定律**」啊！

ㄟ嘿嘿～

牛頓擺眞有趣耶～。

…繪希妳有在聽嗎？

從外面施加力量吧（衝量）

好啦那麼，在繪希玩牛頓擺玩得正開心時，我想要稍微打擾一下。

咦！爲什麼！？白石同學果然心腸不好…？

呼呼呼…那麼我就壞心點，在這顆球撞擊前的瞬間，用手去拖慢球的速度。結果會怎樣呢？

驚一！
右側被彈飛的球速度變慢，而且高度比剛剛彈得還低。感覺變得好虛弱…

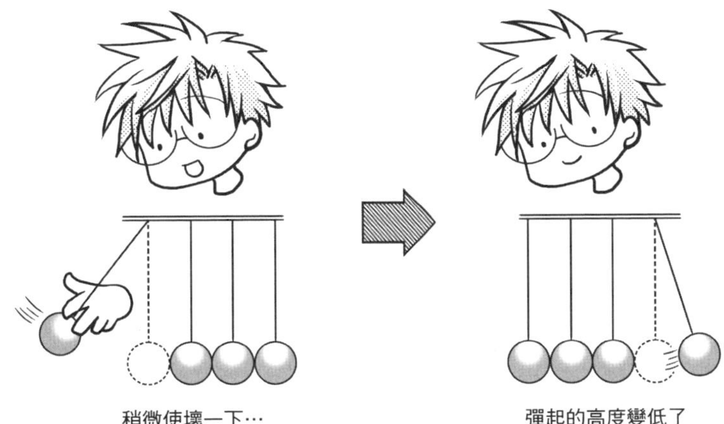
稍微使壞一下…
彈起的高度變低了

這就表示，動量變小了。

現在，我們從力學的角度來整理一下。

質量m的球以速度u_1擺動時，受到外力F作用了Δt這麼一段時間之後才發生碰撞，使得右邊被彈飛的球，速度變成了u_2。

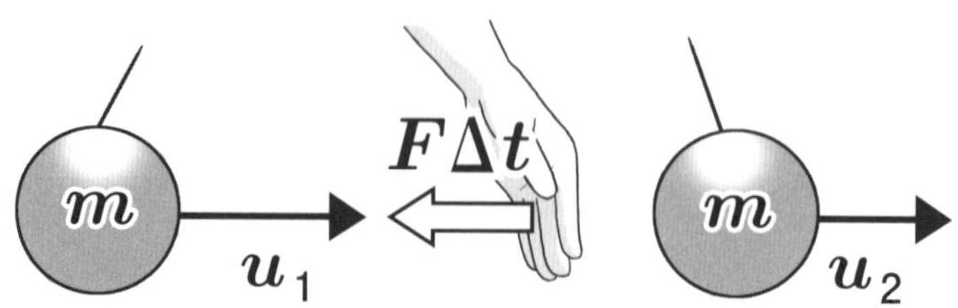

m
u1
FΔt
m
u2

力F就是白石的手吧。

此時的動量變化可以像這樣表示。

$$mu_2 - mu_1 = F\Delta t$$

在此，我手的施力F與時間Δt的乘積$F\Delta t$，稱爲「**衝量**」。

也就是（**變化後的動量**）－（**變化前的動量**）＝（**被施加的衝量**）吧。

我有問題！
因爲變化前的動量比較大，變化後的動量比較小，如果套入這公式，$F\Delta t$會變負數唷！這樣也沒關係嗎？

是的，因爲是我故意用手去使動量減少，$F\Delta t$變成負數自然是理所當然了。

意思就是加，上負的衝量對吧。

這個式子表示的是施加的衝量（手的施力×時間），也就是動量變化。
爲了使它轉換成力$\boldsymbol{F}$，我們以Δt來除這個算式吧！

$$\boldsymbol{F} = \frac{mu_2 - mu_1}{\Delta t}$$

換句話說就變成「**作用力（手的力）＝每單位時間的動量變化**」。

若能知道我手的施力、也就是**外力**作用的時間間隔Δt，那麼就只要**查出變化前與變化後的動量**，便可以用這個式子求出作用的外力。

嗯嗯，到這裡爲止都是在講物體的動量守恆定律吧！
懂了不少呢！

在秘密的屋子裡…
（流體的動量守恆定律）
我們已經瞭解物體的動量守恆定律了，
那麼趕快來試著將動量守恆定律應用在流體上吧！
好！

啊！可是糟糕了！
流體和球不一樣，沒有明確的型態，用手去阻斷它也看不清楚…
嗯～
的確～
一般來說，我們會假設一個區域為「檢查範圍」，
只考量這範圍裡的流體的平均力、或是動量、能量守恆。
什麼—！
檢查範圍！？

比方說，請看這個從排水幫浦伸出來的水管管線，

管線裡頭有相當多的水在流動吧。

是這樣沒錯。

到了這個部分時管線突然變小，

我們將管線的這部分設為檢查範圍，試著算出裡面流體的動量吧。

這個部分！

白石，雖說要算，
但我們不清楚檢查範圍裡的流動啊…
哇～～～
即使算出的不是檢查範圍本身的動量也沒關係唷。

這種情形下，只要查出從檢查範圍流進流出的動量，就沒問題了。
只要求出動量的時間變化，就能知道檢查範圍內部物體的動量。
是喔
啊啊！！

就好像要調查某間秘密的屋子，只要調查進去和出來的人的狀況就好了對吧！？
太厲害了！
好像偵探喔！
愁雲慘霧 欣喜若狂
IN
OUT
哼哼哼
妳這想像是說得通啦…
呃…是啦…

咳咳
那麼，請試著想像連著幫浦，突然變小的水管管線裡面的樣子。

從現在開始，一下子變爲運用計算與圖表的推理時間…
請跟上來喔…！
Yes, sir！
……

首先請看下方的圖…粗體部分是檢查範圍。

從剖面 1 以速度 u_1 流入檢查範圍的流體，在剖面 2 以速度 u_2 流出，內壁對檢查範圍裡的流體作用的力為 F。

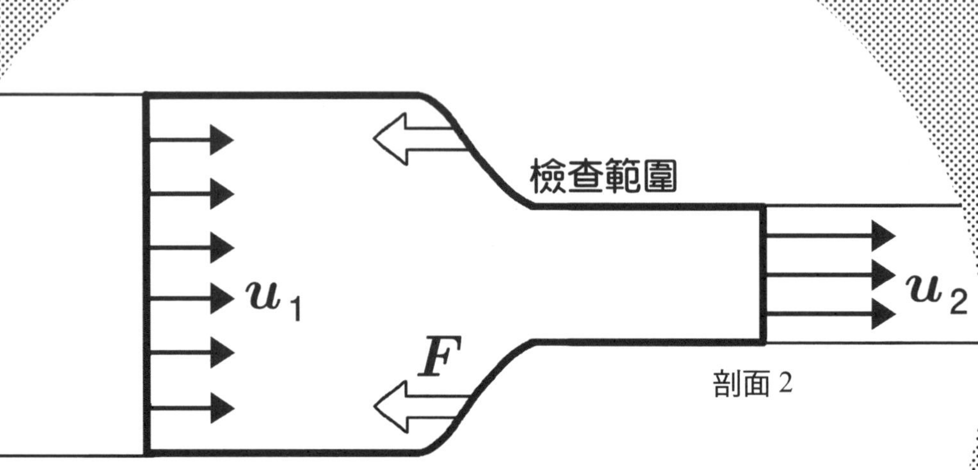

檢查範圍
u_1
u_2
F
剖面 2

剖面 1

調查一下，在這範圍裡，發生了什麼事！！

要知道檢查範圍裡的動量和時間一起有了什麼變化…只要將由剖面 **2** 流出的動量減去由剖面 **1** 流入的動量，就可以求出來吧。

那麼把水的密度寫成 ρ [kg/m³]，速度寫成 u[m/s]，每單位體積的動量 ρu 就…

會變成這樣囉？

$$\rho u \left[\mathrm{kg/m^3}\right]\cdot\left[\frac{\mathrm{m}}{\mathrm{s}}\right]$$

（ρ　u）

↓ 依順序置入代換後…！

$$\rho u \left[\mathrm{kg}\cdot\frac{\mathrm{m}}{\mathrm{s}}/\mathrm{m^3}\right]$$

質量×速度 → 運動量

每單位體積

寫 寫

對耶…

質量×速度＝動量…！

（參閱 P.82）

m³ 就相當於 1m 大小的立方體，也就是單位體積嘛…！

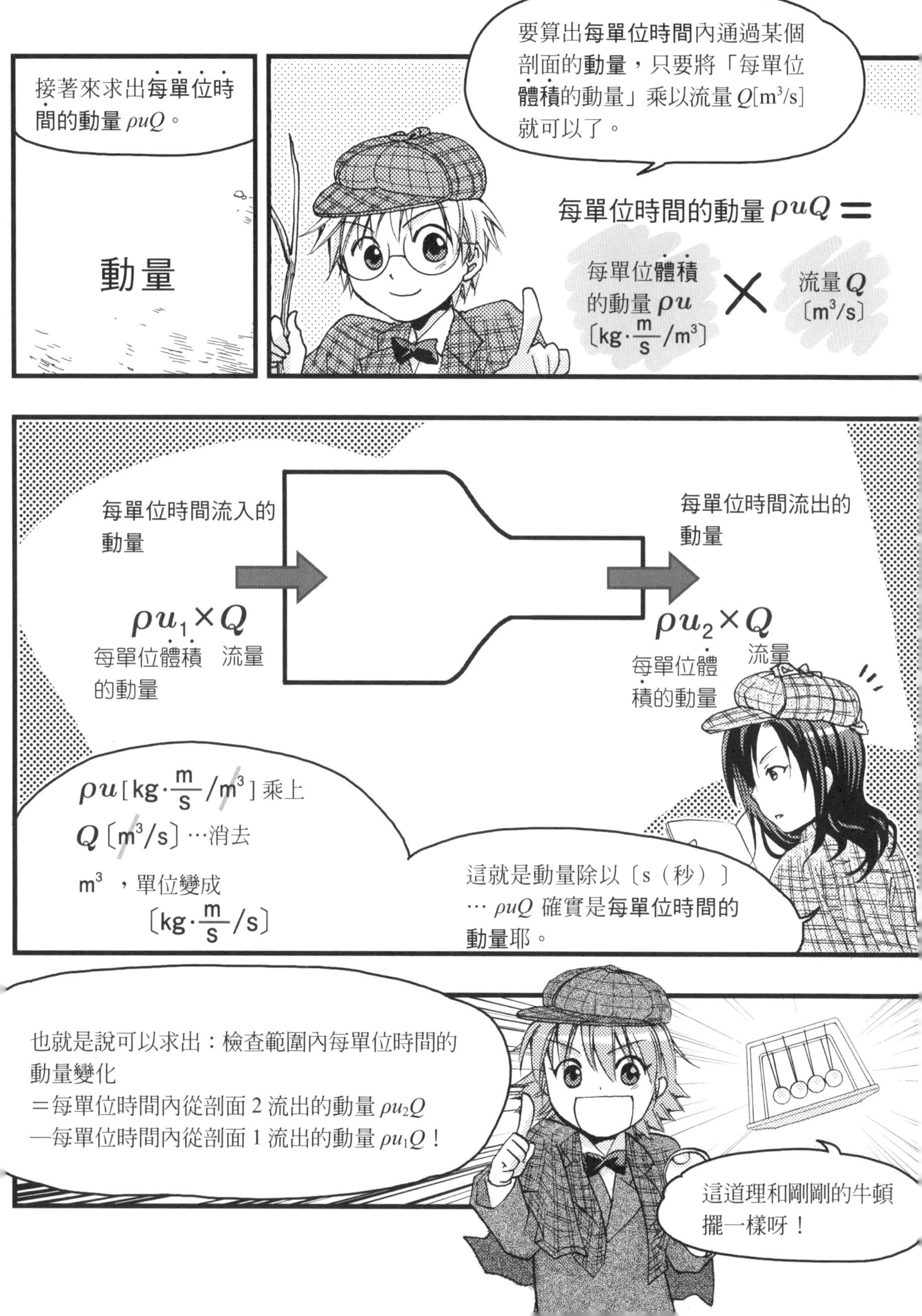

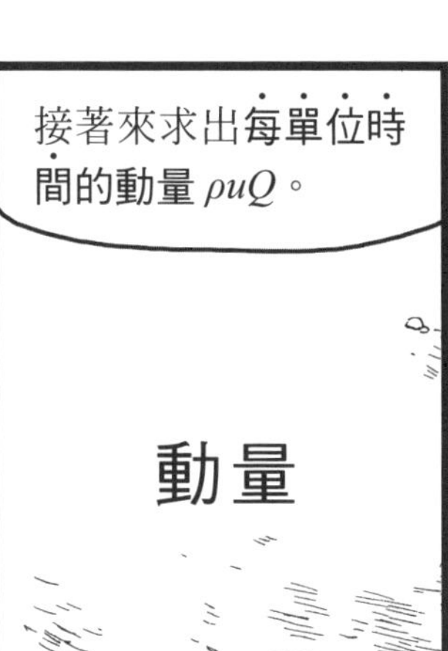

接著來求出每單位時間的動量 ρuQ。
動量

要算出每單位時間內通過某個剖面的動量，只要將「每單位體積的動量」乘以流量 Q[m³/s] 就可以了。

每單位時間的動量 ρuQ ＝ 每單位體積的動量 ρu 〔kg·$\frac{m}{s}$/m³〕 × 流量 Q 〔m³/s〕

每單位時間流入的動量

$\rho u_1 \times Q$

每單位體積的動量　流量

每單位時間流出的動量

$\rho u_2 \times Q$

每單位體積的動量　流量

ρu [kg·$\frac{m}{s}$/m³] 乘上 Q〔m³/s〕…消去 m³，單位變成〔kg·$\frac{m}{s}$/s〕

這就是動量除以〔s（秒）〕… ρuQ 確實是每單位時間的動量耶。

也就是說可以求出：檢查範圍內每單位時間的動量變化
＝每單位時間內從剖面 2 流出的動量 $\rho u_2 Q$
－每單位時間內從剖面 1 流出的動量 $\rho u_1 Q$！

這道理和剛剛的牛頓擺一樣呀！

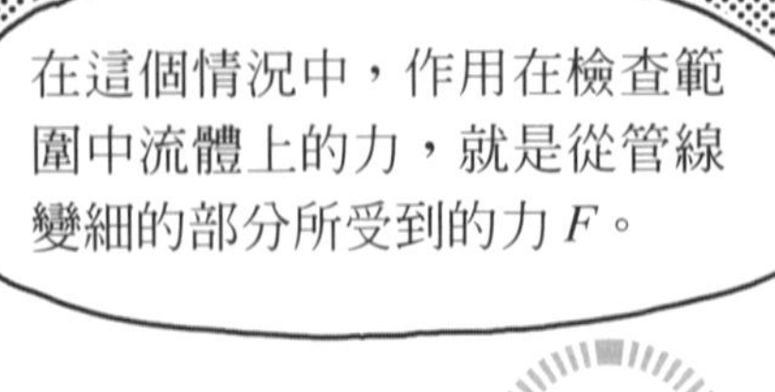
在這個情況中，作用在檢查範圍中流體上的力，就是從管線變細的部分所受到的力 F。

沒錯沒錯！

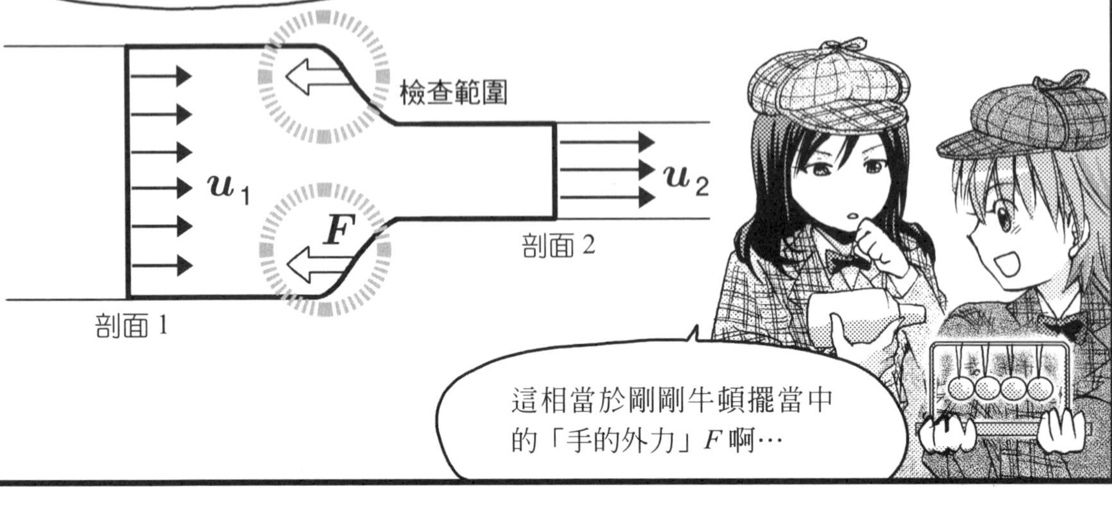
檢查範圍
u_1
F
u_2
剖面 1
剖面 2
這相當於剛剛牛頓擺當中的「手的外力」F 啊…

從上面可知，若將檢查範圍裡流體的動量守恆定律公式，就會是…

緊張
期待

就會變這樣啦！

$\rho u_2 Q - \rho u_1 Q = F$

$$\rho u_2 Q - \rho u_1 Q = F$$

檢查範圍裡每單位時間的動量變化＝從管線變細的部分接受的力…就是這麼回事吧。

哇～！好厲害！解開來了—！

若只看公式會覺得很困難，但若一步步依序作下來就都可以解開了～
說起來，很多困難的案件也是經由這樣不斷推敲才解決的！
順帶一提，因爲這種動量守恆定律在任何檢查範圍裡都能成立，所以怎麼設定檢查範圍都沒關係。

眞是了不起啊…
動量守恆定律…
依使用方式不同，無論是水庫或是河川…或是像水管這種從外面看不到的部分…不分什麼大小、地點都有辦法查出來啊…

檢查範圍…
方便到簡直像魔法一樣呢…

嗶嗶
嗶嗶

啊，

差不多就先講到這邊吧。
看來時間正好到了！
時間？？

烏龍麵麵糰作好的時間呀。
來吧！來吃水流麵吧！

啊啊，對喔
耶—！
烏龍麵烏龍麵！！

呼啊…
今天也是
忙了一整天啊…

呼，呼，呼…
差不多該睡了…
咦你們，
那模樣是想幹嘛？

小茜學姐…
聽說，這裡會出現…
全身是血的幽靈唷…
想不想和他碰個面呀～
喀喳
繪希說今天不要睡，都來講鬼故事吧…
的確好像有聽說過，講鬼故事的話，幽靈就會出現…

靜——

等等…
小茜社長，
該不會學姐…
妳很怕這類型的故事吧！？
唰—
嚇到

…………
…………

哇～～～
我最喜歡講鬼故事給害怕的人聽啦～～～！！
今晚一定不會讓妳睡覺唷！小茜學姐～～～～！！
咚！
啪啪
…………
啪啪
～～～～～～～～～～～～～～～～!!!
噠噠噠噠噠

啾啾
啾
繪希她到底…是太純真，還是…
啊～真是～開心吶～～～

第3章

層流與紊流

黏

1 具有黏度的流動

啊
哈
哈
哇
哈
哈
哈
吵雜
喧鬧
啊～
前幾天去露營
好開心…！
希望再跟他們一起出去，邊玩邊學流體力學呀…
嗚呼
呼呼呼
接下來
「川流之水不絕*」講的是河川的流動…
驚
站起來
?
河、河川的流動，就是
流體力學嘛！老師！
「川流之水不絕」！這就是不會失蹤的那個什麼公式…
ㄟ！？什麼公式啊！？
…就像這樣，腦中滿滿都是流體力學，忘都忘不掉，
啊哈哈哈
～
在國文課時還真是糟糕啊～！

*註：出自《方丈記》。表示萬事無常之意。

…笨蛋。
震驚
小茜學姐！妳、妳也太直接了吧！！
河川的流動的確也是流體力學，

但也不是只有水才算流體唷～
白石同學！你回來啦～

什麼什麼？你買了什麼～？小點心嗎？
怎麼可能。
可惜妳猜錯了，這是今天用來學流體力學的東西。

還有這是我送給妳們的禮物！
噹噹～
奶昔耶！謝謝！

回到剛剛的話題…我說到流體不是只有水，
是喔－
好好～喝
這種有點黏稠的奶昔也是流體唷。

黏黏稠稠？還是滑溜滑溜？（黏度）

所以我們今天就來講，學習流體力學時絕對不可欠缺的
黏度
「黏度」吧。

黏度…的意思是 黏糊糊或像泥濘那樣的黏度嗎？
沒錯。
但是其中要注意一點，像水這種流動順暢的東西也「具有黏度」。
咦！
所以水也黏糊糊的！？

不是這個意思。
黏度是一種表示流體黏滯程度的物理量。
由於黏度帶有妨礙流動的性質，所以黏度愈高，流動就愈緩慢黏稠，黏度愈低，流動就愈順暢。
也就是說，黏度較強的東西會比較難攪混在一起囉…
這也是嗎……
攪拌攪拌
高
黏糊糊～
黏度
滑溜溜～
空氣
低

妨礙流動的討厭鬼！？（黏滯力）

有黏度的流體會產生所謂的「黏滯力」。

啾

黏

這裡準備了一杯黏綢的麥芽糖和一杯清爽的水。
麥芽糖耶～♪

我們試著將它們分別放到木板上，讓它們流下去吧。
這時，「妨礙流動」的力就是黏滯力。
黏
咚
咚
唔…
黏滯力眞是壞心，流動會變成怎樣呢？

嗯…如果讓這種力作用，會很傷腦筋吧！
黏度大的物質，其流動會受到阻礙而馬上停止？
正是如此！
黏
哇哈哈哈

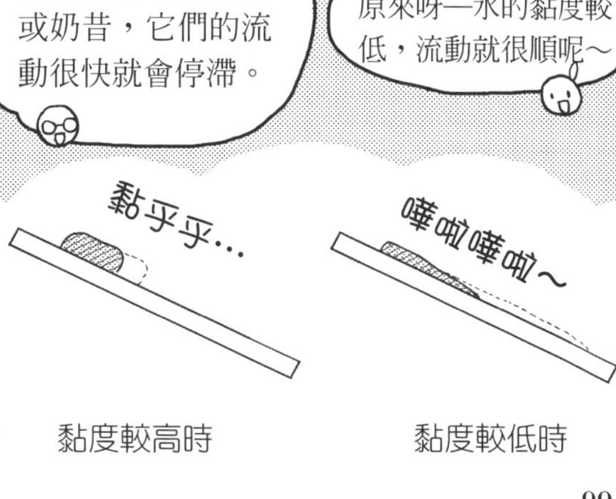
黏度較高的麥芽糖或奶昔，它們的流動很快就會停滯。
原來呀—水的黏度較低，流動就很順呢～
黏乎乎…
嘩啦嘩啦～
黏度較高時
黏度較低時

使之加速，使之減速（黏滯力的機制）

那麼現在開始詳細說明黏滯力的機制！
請想像我們上體育課時跑馬拉松的情形。

速度快的同學們和速度慢的同學們跑在一起。
假設繪希屬於速度慢的這群，混進速度快的這群裡。

結果，速度快的這群人減速了。
這是因為他們碰到繪希的關係。

不減速
不行
唉呀呀，
危險！

這樣不就好像悠悠哉哉地跑著的我妨礙了人家一樣！

別擔心，只是舉例啦！

接著舉相反的例子。
小茜社長屬於速度快的那群，混進速度慢的這群裡。

結果，速度慢的人因而加速了。
這是因為他們碰到小茜社長的關係。

不加速
不行
不跑快一點的
話會撞到！

也就是教人不要慢吞吞，要跑快點的意思囉。

從動量的觀點來看，速度慢的這群人接收到速度快的小茜社長的動量。這也就意味著他們被施加了力。

整理一下就像下圖這樣。馬路上若是有一台車開得慢，大家都會減速，一台車開得快，大家就會跟著加速。
道理就和這是同樣的。

速度快的人
減速
速度快的人
全部減速
加速
速度慢的人
速度慢的人
全部加速

引用自飯田明由・小川隆申・武居昌宏合著的《從基礎開始學流體力學》（基礎から学ぶ流体力学）120 頁　圖 4.2Ohm 社（2007）・部分修正

嗯…我懂馬拉松或車子的例子，但這到底是要解釋什麼？？不是要教我們黏滯力的機制嗎？？

哈哈哈，前言說明太久了，不好意思。
其實，這種**使流體加速，減速的力**，就是「**黏滯力**」。

ㄟ！？怎麼說呢？
你剛剛不是說黏滯力是「**妨礙流動的作用力**」嗎？

是的，聽來有點麻煩，其實是要有來自這種使流體加速或減速的力，才能妨礙流動唷。

那麼，試著把前述馬拉松的比喻應用在流體上吧！

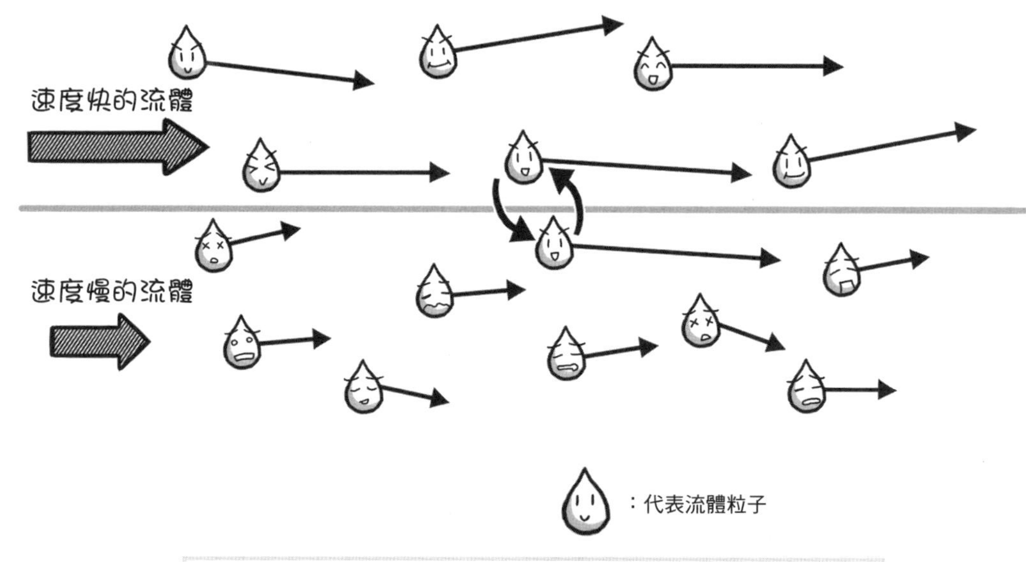
速度快的流體
速度慢的流體
：代表流體粒子

一位速度快的流體粒子君，跑進速度慢的流體中的狀況

嗯嗯，就像是速度快的流體粒子們和速度慢的流體粒子們跑在一起的意思嘛。

其中一個速度快的流體粒子君跑進了速度慢的那群…
這跟剛剛我在馬拉松的情況一樣吧。

請思考一下，流速相異的兩種流動碰在一起的狀況。
即使流速是並行的，但由於眞正的流體粒子會雜亂地運動，所以速度快的流體粒子會跑進速度慢的流體粒子之間，而相反的情形也會發生。

原來如此，這麼一來，就和馬拉松的例子一樣，速度快的流體會因而減速，速度慢的流體也會因而加速。

就像這樣，流體的速度出現差異的地方就會產生黏滯力作用。

這就是黏滯力的機制囉。
也就是從流體粒子們產生而來的力。

瞭解了，黏滯力是流體內部發生的力。

這些都是幻覺？（理想流體與黏性流體）

好…這裡要講解非～常重要的東西囉！
我們來談談「**理想流體**」和「**黏性流體**」吧！
（※理想流體也稱爲「完全流體」；黏性流體也稱爲「眞實流體」。）

請看這張圖，這是在管內流動的流體，流速分布的樣子。

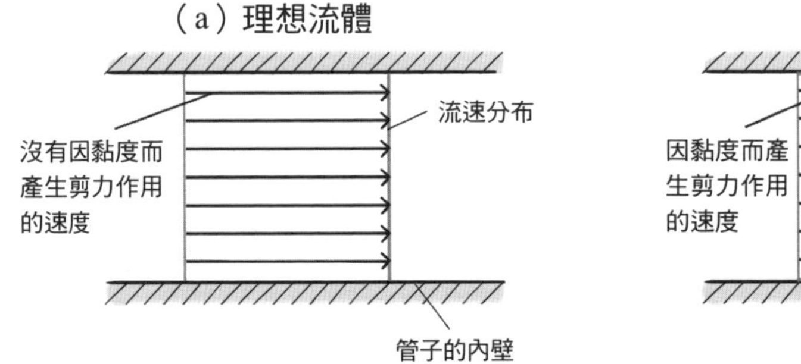

（a）理想流體
流速分布
沒有因黏度而產生剪力作用的速度
管子的內壁
（b）黏性流體
流速分布
因黏度而產生剪力作用的速度
管子的內壁

※以下將「因爲黏度產生的剪力」簡稱爲「黏滯力」。

在管內流動的流體的流速分布

其實，我們週遭所存在的流體，都具有黏度，而被稱爲「黏性流體」。
實際的流體在流動時，流速分布會如上方的（b）圖所示。

喔！與內壁磨擦的部分流速最慢，像是被牆壁拉住般，漸漸變慢是吧。

中間的速度最快！
河川的確也是像那樣流動呢。
靠近岸邊的流動很慢，愈往中間流得愈快。

其實，前一章的白努利定律或是動量守恆定律之類的，終究是在講**「理想流體」**。理想流體沒黏度，即使向它施力也不會壓縮。
可以說是一種**假想的流體**。

咦！幻、幻想！？怎麼會！
那，之前我們講的東西…到底是什麼啊！？？

請冷靜一下～！當我們想要理解流體運動的特性，需要模擬計算時，理想流體還是必要的唷。

原來如此…首先，以理想流體來思考流動，之後才接著考量黏度等要素。

是的。學習黏度，是爲了要更深入理解我們周遭實際存在的流體。此外，流動中所產生的漩渦，也是黏性流體的特徵。
之所以會產生漩渦，也是受了黏度的影響之故。

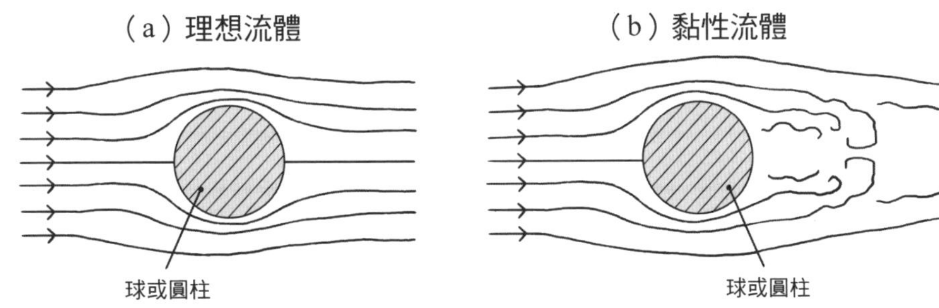
（a）理想流體
（b）黏性流體
球或圓柱
球或圓柱

圍繞球或圓柱流動的樣子

引用自　久保田浪之介　著《最輕鬆流體力學（トコトンやさしい流体力学の本）》　日刊工業新聞社（2007）

把高筋麵粉用在竹水道觀察時，的確是有產生漩渦呢。
無論是河川還是竹水道，甚至是我們身邊的空氣，其實都是黏性流體…。
「黏性流體」才是**實際存在的真實流體**呢！

速度梯度是什麼？（牛頓黏性定律）

咳
接下來我要講解非常重要的部分。

我拿烏龍茶，繪希拿奶昔，
我們一起不停地攪拌，直到出現漩渦吧！
攪 攪 攪 攪 攪
好～！

當我們同時把手停下來…
滾動
水波搖晃
沈靜…
啊……

奶昔馬上就停下來了耶。
感覺是黏滯力的作用呢～
我的烏龍茶現在也停下來了。
流體的運動
黏滯力
就像這樣，黏滯力與磨擦力同樣都是妨阻流體運動的力。

即使是流動順暢的水，也是有黏度啊…
該不會之前露營地的竹水道或是河川，通通都有接觸到黏滯力吧…？
沒錯。

請回想一下

設竹水道的內壁到中心點的距離爲 y，而在那個位置的速度設爲 u。

流動方向

黏滯力（愈接近內壁會愈大）

y

u

竹水道中心

竹水道內壁

在內壁上的速度爲 0 m/s，距離內壁愈遠，速度就愈快。

感覺就像從竹水道中心往內壁處有個阻礙流動的煞車，這就是黏滯力在起著作用，而愈往內壁邊緣，煞車能力也就愈強。

和河川一樣嘛～
靠近岸邊的地方水流不快，離岸邊較遠的地方水流就變快，眞可怕。
!!
也就是說，在內壁上沒有速度，但離內壁愈遠，速度就會增加…
流動中的流體在某個位置時的速度 u，對位置 y 微分就是 du/dy…
du/dy
寫
我們就稱之爲「速度梯度」！

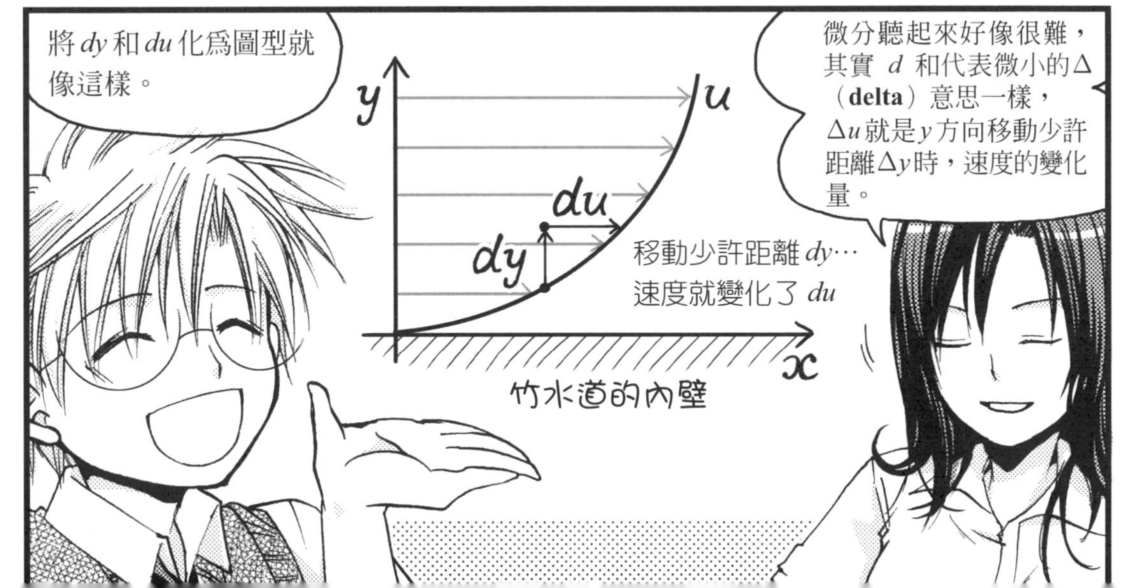

將 dy 和 du 化爲圖型就像這樣。
y
u
du
dy
x
移動少許距離 dy…
速度就變化了 du
竹水道的內壁
微分聽起來好像很難，其實 d 和代表微小的Δ（delta）意思一樣，
Δu 就是y方向移動少許距離Δy時，速度的變化量。

接著，因爲流體的黏滯力與速度梯度有很深的關係…
啵
繪希，這是怎麼一回事呢？
!?
怎、怎麼問我為什麼…是為什麼？
答案在這張圖上唷。
請比較一下Ⓐ和Ⓑ的速度梯度。
在Ⓐ和Ⓑ的位置，dy 的長度都一樣，但 du 的長度卻不同，對吧？
Ⓐ 的 du 比 Ⓑ 的 du 更大。
y
u
du
dy
Ⓑ
遠離內壁處的速度梯度
Ⓐ
du
dy
x
靠近內壁處的速度梯度
竹水道的內壁
這也就表示，愈靠近內壁，速度梯度愈大！
啊，真的耶！
dy 都相同，Ⓐ的 du 卻比Ⓑ大呢～
速度差異愈大…也就是愈接近內壁的地方，那個阻礙的力量就愈大，
y
u
黏滯力
黏滯力較弱
黏滯力較強
也就是黏滯力愈大的意思吧。
接近內壁
出現速度差
速度梯度變大
黏滯力作用變強！
原來如此！
黏滯力的確與速度梯度具有密切的關係呢！
這裡若要說得更嚴謹些…

我們也可以用「黏滯應力」來稱呼。它的意思是每單位面積（$1m^2$）的黏滯力。
「力」家族的孩子們
黏滯應力〔Pa〕
黏滯力〔N〕
總力〔N〕
壓力〔Pa〕
黏應弟
黏兄
大家好好相處！
總姊
壓妹
哼嗯…跟總力與壓力的關係一樣啊（參閱P.19）。

黏滯應力一般是用希臘文的τ（tau）表示，單位和壓力一樣是 $Pa = N/m^2$。
黏滯力
單位＝N
黏滯應力＝τ
單位＝Pa
不過要注意，黏滯力的單位是N。

將黏滯應力用式子來表示就像這樣。

$$\tau = \mu \frac{du}{dy}$$

黏滯應力　黏度　速度梯度

我們稱這公式裡的關係爲「牛頓黏性定律」。

嗯嗯，從這公式中就能很清楚看到黏滯應力是與速度梯度呈正比。

可是，也有第一次看到的符號耶！這個μ是什麼啊！？

μ（myu）是黏度。接下來我們就要來說明啦！

有多麼黏稠呢？
（黏度與運動黏度）
黏度表示的是流體的黏稠程度，所以也可稱為「黏滯係數」。
黏答答，
黏答答
黏度的單位是 Pa・s ＝ N・s/m²。
嗯
嗯
單位變為 Pa・s !!
μ = τ [Pa] / du/dy [m/s · 1/m]
把剛剛的公式變形一下，就可知道單位變成了 Pa・s。
每種流體的黏度都有它固定的數值，黏度愈高的就會愈黏綢。
比如美奶滋是 8 Pa・s，25℃的水是 0.00089 Pa・s。
此外，溫度上昇時黏度會下降。
食用油平常雖然有一點稠，倒進平底鍋內加熱後，會發現油變得不黏稠了。
黏稠
嘩啦
哇～～～
喔喔…
唰
另外還有「運動黏度」這個名詞，一般我們是用希臘字母 ν（nu）來表示。
運動黏度是將黏度除以該流體的密度所得到的物理量，單位為〔m²/s〕。
運動黏度待會還會出現，所以請好好記下來！
ν = μ/ρ = 黏度/密度

表現流動特徵的大法則！？
（雷諾數）
距今 100 多年前，
有位名叫雷諾茲的英國人，發現了某個法則，

那就是雷諾數！
雷諾數是種沒有單位的無因次量，用來表示「某種力」和「某種力」之間的比例。

所謂比例，就和比重（質量比）一樣都是沒有單位的（參閱 P. 27）。
但是那個「某種力」是什麼？
快點教我～～
呼呼呼……
雷諾數的「某種力」，就是向流體作用的慣性力（和速度有關的力）和黏滯力（與黏度相關的力）。

既然是這兩種力的比，雷諾數就可以表示成
Re ＝ 慣性力 / 黏滯力

再說得具體點，雷諾數可用這個公式求出！

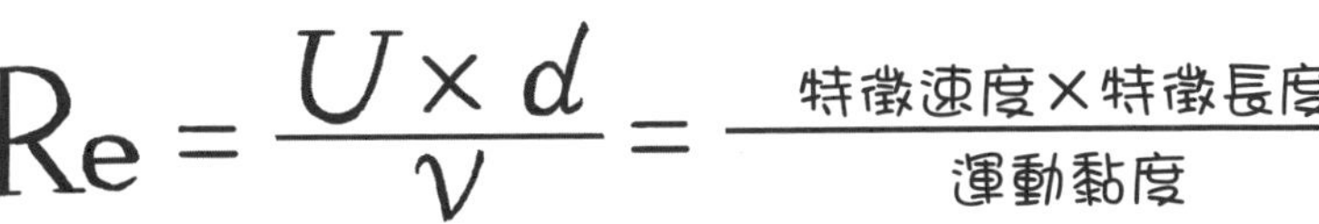

$$Re = \frac{U \times d}{\nu} = \frac{特徵速度 \times 特徵長度}{運動黏度}$$

嗯嗯
雷諾數寫作 Re 啊。

……

那個，
白石同學？
這公式裡的…
特徵速度和特徵
長度是什麼？
啊，
不好意思。

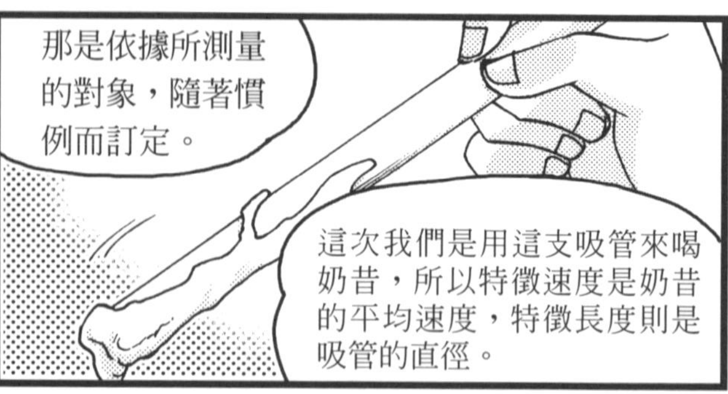
那是依據所測量
的對象，隨著慣
例而訂定。
這次我們是用這支吸管來喝
奶昔，所以特徵速度是奶昔
的平均速度，特徵長度則是
吸管的直徑。

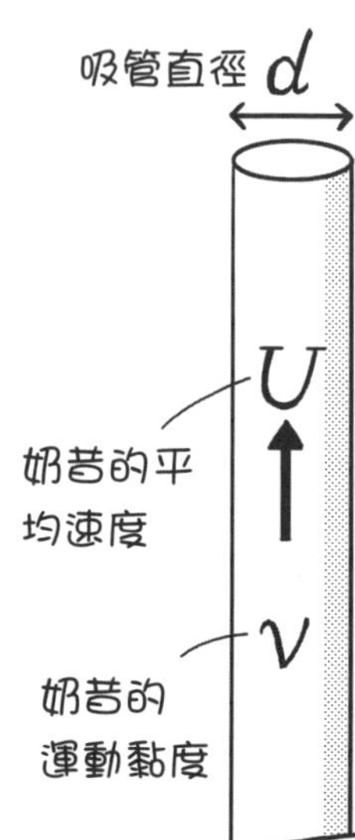
吸管直徑 d
U
奶昔的平
均速度
ν
奶昔的
運動黏度

若思考這次測量的雷諾數，就會變成

$$Re = \frac{U \times d}{\nu}$$

$$= \frac{奶昔的平均速度^{※} \times 吸管的直徑}{奶昔的運動黏度}$$

而且這個式子會變成和…

$$Re = \frac{奶昔的慣性力}{奶昔的黏滯力}$$ 一樣

※平均速度（＝平均流速）的部分將在 P.119 說明。

雷諾數值愈小…表示黏滯力比慣性力強，流動也愈黏稠；**雷諾數值愈大**…表示慣性力比黏滯力強，流動愈順暢。

若是吸管的直徑相同，流速愈快，雷諾數就愈大；流速愈慢，雷諾數則愈小。

也就是說…
奶昔喝得快，則雷
諾數愈大；喝得較
慢，雷諾數愈小…
就是這樣。
吸
吸
吸
吸
吸
拍
不要一口氣喝
完奶昔！！

2　層流與紊流

觀察煙（層流與紊流）

對了繪希，這堆破ㄌㄢ…神秘用品，

可以借一下嗎？

啊！可以是可以，但那個是召喚魔鬼用的魔香杖喔！？

要小心啊白石同學！

危險不要碰！

繪希

寶物！

怎麼看都只是線香而已吧…

才不是咧～～～
是召喚惡魔
好，那麼請仔細看唷～

請仔細看這柱香的煙。
一開始一直都是直線上昇，但中途開始亂竄了對吧？
惡…惡魔要來了！完蛋了，不要再用啦～！
一般的蚊香都這樣嘛。

依據流體的性質，我們可以這樣區分。
紊流
層流
我們稱這平穩的流動部分爲「層流」，中途開始亂竄的部分爲「紊流」。

如果水龍頭流出的水比較小，水流會很平順…
層流

這就表示…無論是氣體、液體或是流體，都有「層流與紊流」吧。
平常對這些理所當然的景象，完全沒想那麼多…
就是呀！社長！

把水轉大，水就會四處噴灑得亂七八糟。
嗯嗯！眞的是耶！
紊流

而且，能察覺發現雷諾數與層流、紊流的關係，也是當時的人厲害的地方啊…！
它們之間的關聯，我要在這裡充分說明！
白石的開關又開了…

滴入墨水（雷諾茲的實驗）

英國的物理學家雷諾茲發現，流動在速度較慢與較快時，狀態會有很大差異，他將紊亂的流動爲「紊流」。

雷諾茲做了一個實驗，他在管子滴入液體，改變流速、管子的直徑大小以及黏度。

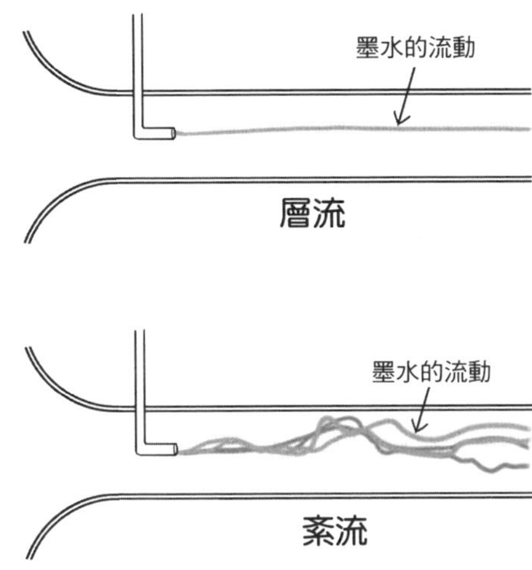

墨水的流動
層流
墨水的流動
紊流

當流速慢和液體黏度變大時，在管中滴入墨水，墨水就會像絲一樣直順地流下去。

但是，當流速快、管子的直徑變大、黏度變小時，可以注意到管子裡的流動劇烈混雜，墨水的流動也有了改變。

此外，他還發現在層流與紊流的邊界上，雷諾數大約爲 **2320**。這個 2320 就稱爲**臨界雷諾數**。

從雷諾茲的實驗可知，對流體作用的慣性力與黏滯力的比例如果超過一定數值時，流動的狀態就會改變。

亂七八糟啦♪（紊流的特徵）

自由開放模式！

在變得如此開放的氣氛中，紊流的特徵還有下面這些。

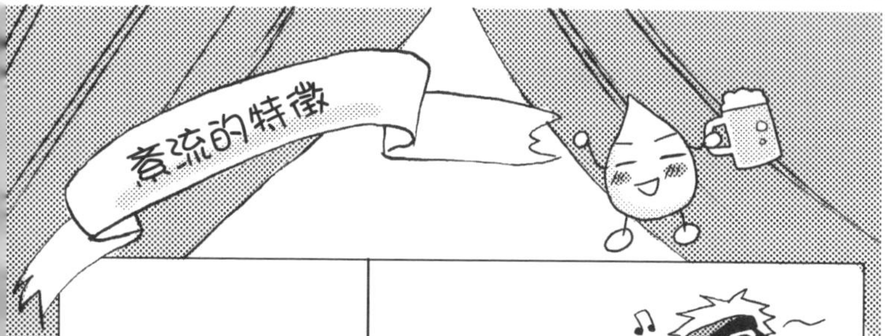

紊流是雷諾數大時的狀態…也就是說，你可以想像成是流體的流體粒子君的慣性力甩開黏滯力，自由行動時的狀態。

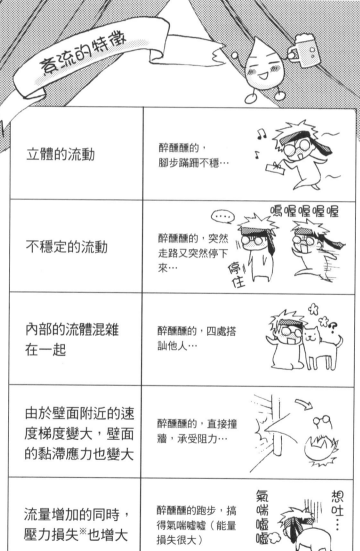

紊流的特徵

立體的流動	醉醺醺的，腳步蹣跚不穩… 	
不穩定的流動	醉醺醺的，突然走路又突然停下來… 	……　嗚喔喔喔喔　停住
內部的流體混雜在一起	醉醺醺的，四處搭訕他人… 	
由於壁面附近的速度梯度變大，壁面的黏滯應力也變大	醉醺醺的，直接撞牆，承受阻力… 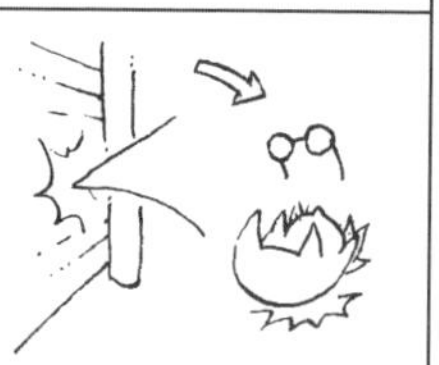	
流量增加的同時，壓力損失※也增大	醉醺醺的跑步，搞得氣喘噓噓（能量損失很大） 	想吐…　氣喘噓噓

※壓力損失＝某兩點之間的能量損失。詳細請參閱 P.134

這…好像挺亂七八糟的。
我的天…
受黏滯力影響，本來很成熟的白石，終於超過臨界雷諾數了啊…！
※臨界雷諾數相關請參閱 P.115
妳說什麼呀社長～～～嘻嘻嘻～～

3 管子裡的層流

吸管中的流動
（平均流速與流速分布）

接著來講解水道，也就是管子的部分。
閃爍
講到管子就是水管或是瓦斯管了…許多日常生活中不可或缺的東西，都是透過管路提供給我們的。
我對這很有興趣耶。
淨水場
供水管路
供水開關（水龍頭）

水管若是破了的確是件慘事～但感覺不到與切身相關啊～

我不是很在乎管子～…開玩笑的啦。

那麼，喝吧喝吧！

現在開始試著從流體力學的角度來思考那根吸管中的狀態吧！

※後面考慮的都是吸管呈垂直的狀態，雖然重力有施加在內部流體，但我們將不把這重力考慮在內。

妳在說什麼，繪希，那根吸管不正是管子嗎？

接下來的流體力學就要用到那根吸管！

嗚…

吸管裡（管子裡）的流動「流速、流量、能量」，這三種觀點非常重要。

照著順序開始講囉～！

先講三種觀點中的第一種！從「流速」開始吧。
流速
繪希在喝奶昔的時候，奶昔一定會從吸管底部吸進嘴巴裡，對吧？

還是在途中就消失了呢？
吸
○╳□△☆（沒有消失啊～）
○╳□△☆…（那樣不就是失蹤了…）

啊咧！？這我好像在哪兒講過！？
!?
連續方程式啊！（參閱 P.66—67）
沒錯！
那麼繪希請繼續喝吧！

無論是有黏度的「黏性流體」，或是沒黏度的「理想流體」，依據連續方程式，吸管內的流動不管在哪個剖面上，平均流速 U 都會恆定不變。
（※黏性流體、理想流體請參閱 P.104）
無論在哪個剖面，平均流速 U 都不變!!

平均流速？？你說不管哪個剖面都一樣…那之前的竹水道怎麼會出現有不同的速度？（參閱 P.107）
像是講到黏滯應力…還有速度梯度…
?
有一點麻煩呢～
其實就是這裡要特別注意！

「流速」和「平均流速」並不一樣！在黏性流體中產生的流速差異，是發生在單一個剖面上，而平均流速則是將剖面內的流速分布平均化之後的速度。
這裡！
將這個部分放大就能夠瞭解了！
啊─！
對啦對啦！就是這麼回事。
平均流速U
流速分布u
吸管的內壁
吸管的某個剖面
壁側較慢而中心較快…這現象的確和竹水道一樣，是在單一個剖面上發生的事情。
這裡讓大家等待已久的管內流速分布表示式…寫成這樣！
吸，吸
$$u = -\frac{1}{4\mu}\frac{dp}{dx}\left(r_0^2 - r^2\right)$$
什～～～
什麼東西啊！？速度 u 與黏度 μ 之前有出現過…但像 dp、dx、r，還有 r_0，這些到底是什麼～！？？
轟！！
看起來雖然很麻煩，但若依順序一步步來理解就能懂嘍～現在我們開始慢慢來說明吧！

來好好地瞭解公式吧！（呈現拋物線分布的流動）

$$u = -\frac{1}{4\mu}\frac{dp}{dx}\left(r_0^2 - r^2\right)$$

首先，我很在意***dp/dx***，看起來和***du/dy***的速度梯度很像這件事…
但是爲什麼必須有負的呢？嗯—…

小茜社長，妳眞是觀察入微呀。這叫作「**壓力梯度**」。
d和Δ同樣都有微小的意思，這部分是表示**位置變化所造成的壓力變化量**，若是往x軸方向前進微小的距離***dx***〔m〕，壓力會減少***dp***〔pa〕。因爲***dp/dx***取的是負值，因此前面再加一個負號，整體的數値就會變成正値。

原來如此。

那麼接著來談r和r_0，請想像一下管子裡的樣子。

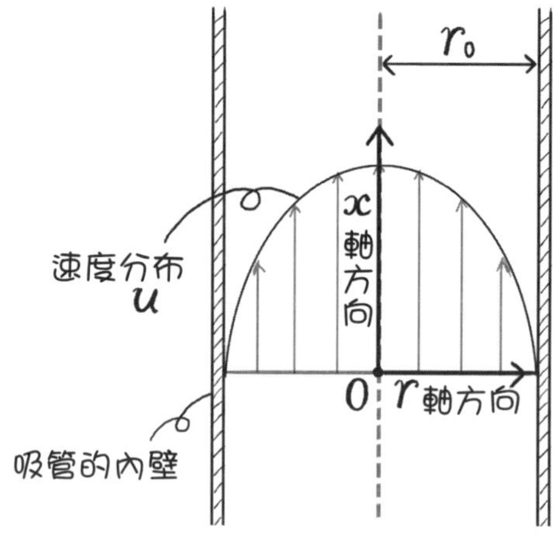
r_0
速度分布
u
x軸方向
0
r軸方向
吸管的內壁

以最中間的位置爲基準，設x軸方向爲流動方向。
r爲從中心O開始往內壁過去的方向軸，r_0則是吸管的半徑。

嗯嗯。

$r=0$ 時，位置在吸管的中心。
這時，x軸方向的速度最大，也就是說流速最快。

$r=r_0$ 時，則是剛好貼在牆上。
這時，x軸方向就沒有速度，也就是說沒有流速。

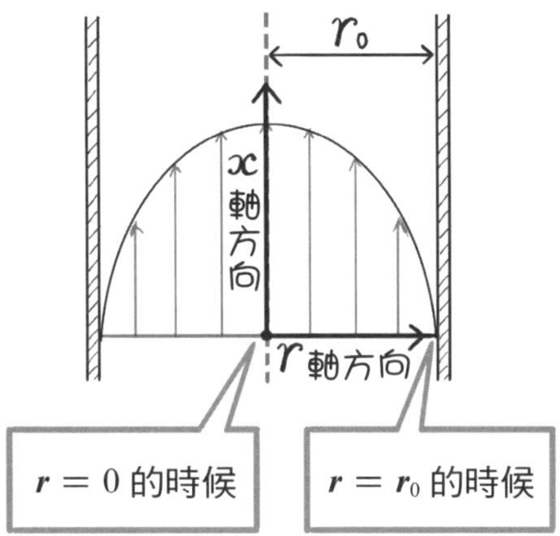
r_0
x軸方向
r軸方向
$r=0$ 的時候
$r=r_0$ 的時候

嗯嗯，看了圖就很清楚了～！

…我瞭解了，這個式子是r的二次函數。
中央呈現出一條很大的曲線——也就是拋物線囉。

就是這樣！這個公式表示，管內的流速就是在管子中心裡拋物線上的最大值。

像這種呈現拋物線分布的流動，我們就稱爲「普瓦休流動」。

神奇力量的真相是？（壓力差）

那麼，就是像這樣，
根據式子我們可以知道，在吸管中的單一剖面內，位於吸管中心的流速最快，貼在內壁上的流速最慢。
嗯嗯！
白石，我有點疑問…
請說
依據白努利定律，不管是管子的哪一個剖面，在理想流體的情形下，流體能量都會固定吧（參閱 P.74）。
但是在黏性液體的情況下，會因爲吸管內壁…也就是管壁內的黏滯力對流動呈反向作用，而使流速變慢，
由於黏滯應力是阻礙速度的摩擦力，所以對速度具有反向的作用
中心為 0
對流動呈反向作用的黏滯應力
速度分布 u
平均流速 U
吸管內壁
也就是說，會像這張圖一樣。

那麼從吸管進到嘴巴時，平均流速 U 不就變慢了嗎？
這不就跟剛剛學到的「不管在哪個剖面上，平均流速 U 都是不變的」產生矛盾了…

真的耶～！這麼一提，眞的很怪！
對吧？
這問題眞是尖銳呢。
那麼我們來慢慢解開這問題吧！

首先，為慎重起見，我們先確認好「上游」和「下游」的位置。
下游
流動方向
上游
繪希喝的奶昔，是從杯子往嘴巴移動，所以流動方向會像這樣。
嗯嗯…
也就是說，靠近嘴巴的地方是下游，離嘴巴較遠的地方是上游。

接著，將小西學姐的疑問畫成圖，會變這樣。

下游側（靠近嘴巴的地方）的流速分布 u

黏滯應力

上游側（離嘴巴較遠的地方）的流速分布 u

吸管的壁

像這樣，吸管的剖面不管哪邊，都是同樣的流速分布，而且不管在哪兒，平均流速都相同。

平均流速 U

下游側

平均流速 U

上游側

吸管內壁

對啦對啦！照著這樣流動，流速一定會愈來愈慢。

都是這傢伙害的！

關於這點，不用擔心啦，社長。

在繪希喝奶昔的時候，流動方向的平均流速並不會因此而變慢！

什麼？為什麼咧？

其實形成這種與黏滯應力平衡，使流體以等速運動的神奇力量⋯
就存在於嘴巴裡！

在嘴巴裡？
繪希，請妳用力地吸奶昔！

現在繪希**嘴巴中**的壓力變低了。

這是因為，透過吸管吸東西時，**口中的壓力比大氣壓力低**⋯

吸～～～～～

這樣啊⋯啊！

那麼，來比較一下吸管的**上游側**（離嘴巴較近的地方）與**下游側**（離嘴巴較遠的地方）之間的壓力吧。

下游側的壓力 p_2 比上游側的壓力 p_1 還要低呢。

下游側

p_2 ↑ U

壓力較低

p_1 ↑ U

上游側

壓力較高

對了！之前，在壓力那邊，曾學過壓力差 Δp！（參閱 P.33）

因為有了壓力差 Δp，奶昔才會不斷上升進入繪希的嘴巴！

上游側（離嘴巴較遠的地方）比較接近**大氣壓力**，愈接近下游側（離嘴巴較近的地方）時，**壓力就會變低**。

所以，奶昔才會從壓力高的上游側往壓力低的下游側流動。

吸墨水管或滴管都是同樣的構造！
由於有了這個壓力差，就產生了「因壓力差而起的應力」！它正是與黏滯應力相互抵銷的，神奇力量的本尊！
喔喔～
整理一下就會是這樣。
壓力比大氣壓力低
接近大氣壓力
平均流速
壓力 p_2
黏滯應力
因壓力差而起的應力
平均流速
$p_2 < p_1$
壓力 p_1
黏滯應力
因壓力差而起的應力
對剖面而言的奶昔流速雖然有快慢分布，但因爲受到這種因壓力差而起的應力的影響，奶昔終究會是等速運動。
因壓力差而起的應力與黏滯應力相互抵銷了呀。多虧這種應力，無論在吸管裡的哪個剖面上，平均流速都是保持不變啊。
我懂了
當我用力吸奶昔時，嘴中的壓力比大氣壓還低，所以產生了「因壓力差而起的應力」來與「黏滯應力」相互抵銷吧！

我想喝很多！
（黏度與流量的關係）

接著要講第二項「流量」！

流量

我們來想想看，每單位時間（1 秒）內嘴巴可以吸入多少奶昔吧！

請想像一下…現在我們身處於炙熱的沙漠…喉嚨渴得要死…

現在若端出同量的奶昔和烏龍茶，要喝哪一杯呢？

烏龍茶！！

一定是烏龍茶啊…想要馬上讓喉嚨濕潤一點…！

呼…

就是呀！

當我們想要像這樣，在單位時間裡盡量多喝時，自然就選了烏龍茶…也就是選了黏度較低的東西。
所以我們知道選黏度較低的東西，在單位時間裡才能喝得比較多。
猛喝狂喝
啊…
這眞的太理所當然，想都沒想過。
即使有了運動飲料，若是黏度太高也難以入口呀…
不耐煩…
啊哈哈
緩慢～～

現在，設一秒鐘內吸進口中的奶昔量爲 Q〔m³/s〕，吸管的半徑爲r₀，我們就能以這個式子來表示！
乍看之下好像很困難，但請仔～細看清楚唷！

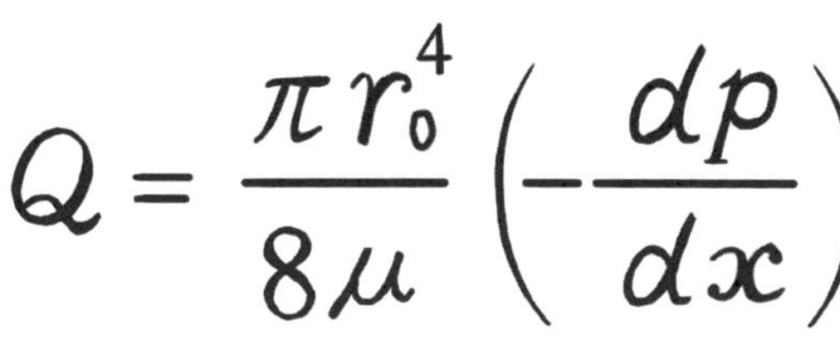

$$Q=\frac{\pi r_0^4}{8\mu}\left(-\frac{dp}{dx}\right)$$

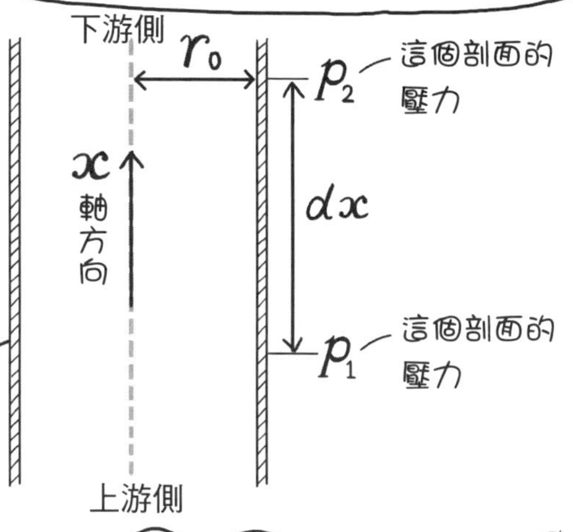
下游側
r_0
這個剖面的壓力
p_2
x 軸方向
dx
p_1
這個剖面的壓力
吸管內壁
上游側

π 是圓周率…3.14，r_0 是吸管的半徑，μ 是奶昔的黏度，dp/dx 是壓力梯度。
壓力梯度代表的是，往 x 軸方向前進微小距離 dx 時的壓力變化量。
好像懂了耶～！

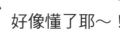

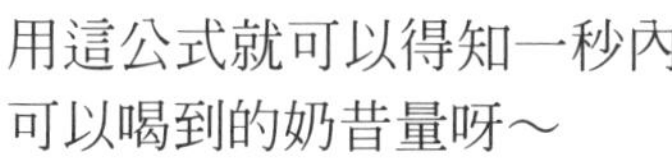
用這公式就可以得知一秒內可以喝到的奶昔量呀～

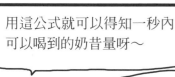

好厲害～
黏度高的流體，因爲黏度 μ 也較大，所以流量 Q 會變小。從這公式就可以知道爲什麼黏度高的奶昔無法一下子吸很多。
…不過，很可惜…

這個喝奶昔時的流量關係式，只限於層流的情況，
若是紊流，就會變得更複雜。
咁……

可以安然地喝到奶昔嗎？（擴充後的白努利方程式）

目前爲止，我們已經討論過吸管中奶昔的「流速」與「流量」，
ENERGY
最後第三項是「能量」。

不管在哪個管路剖面，平均流速 U 都固定不變，因此動能也都會固定。
但是，流體的能量 E 卻流失了…這個能量損失是由於黏滯應力的關係所造成的嗎…？
黏性流體由於流動方向與黏滯應力相反，因此當流體到達下游側時會損失能量 E。

嗯？等等？假設我用盡全力吸，
讓這摩擦損失變得更大的話…？
就喝不到奶昔啦。
直接了當

答對了！
這種因爲黏滯應力而造成能量 E 的損失，我們稱之爲「摩擦損失」。
摩擦損失
U
p2
下游側
p2<p1
能量 E
U 平均流速
p1 壓力
上游側
※並未將重力考量在內。
喔喔…！能量被削減不少耶！

學姐妳真討厭啦，用不著那樣講話吧～

那麼來想想流動部分損失了多少能量吧。

（參閱 P.72）

在沒有黏度的理想流體狀態下，白努利定律是成立的，

流體本身有的能量，會沿著流線而維持固定。

但是！在這兒，可惜地要告訴妳們，

若是黏性流體，由於黏滯應力的關係，所以會損失能量…白努利方程式所表示的能量 E，在往下流動時就會減少！

嚇！

此時，單一管子剖面的白努利方程式就要改寫成下面這樣：

名稱是「擴充後的白努利方程式」！

噹～

$$\frac{1}{2}\rho u^2 + p + \rho g z = E(s) \ [\mathrm{Pa}]$$

喔喔！加強版耶！

黏性流體與理想流體不同，右邊的能量 E 不是固定數值，而會隨流線 s 改變。

因此，E 就是代表 s 的函數，而以 $E(s)$ 來表示。

$E(s)$

嗯嗯…的確，下游側（吸管上方）與上游側（吸管下方）的能量大小不同呢。

繪希，
妳知道了吧！
流線
S軸（x軸）
ΔE
d
U
l
E
這張圖表示的是，相距長 l 的剖面之間，會損失 ΔE 大小的能量。
而這個管摩擦損失 ΔE，有這些個特徵…
與管子長度 l 呈正比
與平均流速 U 的平方呈正比
與管直徑 d 呈反比
…如何呢繪希？
咱咱咱
拿非常非常細，又非常非常長的吸管，用非常非常大的一口氣喝的話，管子的摩擦損失 ΔE 就會變得非常大，也喝不到奶昔了！
就是這意思對吧！！！？
咚！
嗯，很合乎道理呢。
在這裡，管摩擦損失 ΔE 與吸管長度 l、平均流速 U 以及吸管半徑 d 之間的關係，我們用管摩擦係數 λ（lambda）來表示。
管摩擦係數 λ 是一種比例常數，在層流的狀況時，寫成 $\lambda=\frac{64}{Re}$ 喔～！

寫 寫 寫 寫 寫寫
那麼最後，我們來整理一下剛才說過的特徵與λ吧！
所以會變成…

寫好啦！！

表示管內摩擦損失的「達西—威斯巴哈方程式」！

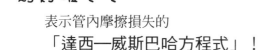

$$\Delta E = \lambda \frac{l}{d} \frac{1}{2} \rho U^2 \text{〔Pa〕}$$

也就是說，若是供給的能量沒有多於管摩擦損失，流體就不會動。在這次的例子中，供給這種能量的就相當於繪希嘴巴裡的能量。

哇～！這樣就能知道我用吸管喝奶昔時的管摩擦損失了！

這個公式表示的是，對於管子直徑 d、管內平均流速 U 的管內流動而言，在長度 l 之間，每單位體積因黏度（摩擦）損失的的能量。（單位Pa請參照 P.75）

這樣如果我喝到了奶昔，那就是我勝利了耶！我才不會輸給摩擦損失的呢～！

…………

噹
噹
噹
今天也學了好多，
吸收新知真是開心呀～！
預計大約再一天就可以把基本的東西學完了。
太好了太好了，加油吧～！
呵呵
…社長，怎麼了嗎？
小茜學姐？
沒事…
在我快要退社時，終於
覺得繪希開始像是物理研究社的社員了…

你們倆個
怎麼啦？
不…那個，
從沒想過社長會退社…
所以有一點嚇到。
你在說什麼
這已經是三年級的
夏天了耶，我早該
離開社團了。
我這個禮拜也已
經學了很多，不
抽身不行啦。

…畢竟不可能永
遠在一起呀，

「川流之水不絕」
嘛。

好好記住啊
繪希，
考試會考唷。

先走啦，
回家路上小心吧。

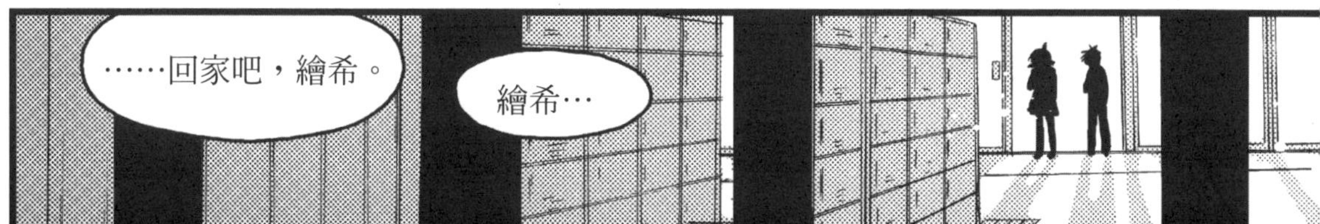
……回家吧，繪希。
繪希…

Follow-up

～彎曲吸管的壓力損失～

高音譜記號的形狀
或是愛心的形狀…

管路不一定都是直線狀，就像吸管也有彎來彎去的造型。

管路的入口附近、彎曲的部分，或者剖面積突然變大、突然變小的部分，都會產生「**壓力損失**」，造成**流體能量的損失**。

這種在管子摩擦損失之外的壓力損失ΔP可以用這樣表示：

$$\Delta P = \zeta \frac{\rho U^2}{2}$$

式子中的ρ是流體密度，U則是管路內的平均速度。

在這兒，ζ（zeta）稱爲「**損失係數**」，這是與管路形狀相關的常數。損失係數表示壓力損失相對於流體所具備動能 $\rho U^2/2$ 的比例。

那麼，我們來說明在幾種彎曲形狀的管子中，損失係數ζ的具體數值吧！

●入口損失

流體從寬廣的空間流入管子時，由於管子入口周圍的流體一定得改變流動方向來正對管子的方向，於是在入口處就產生了能量損失。

入口損失會隨著入口部的形狀不同而有相當大的差異。

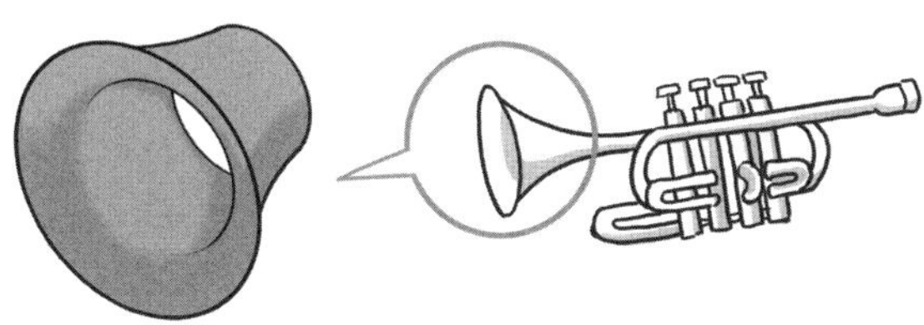

像是喇叭形狀的**鐘形口**（Bellmouth）可以減輕一些入口損失。鐘形口的損失係數 ζ，約莫爲 0.006 的程度。

●急擴大管

剖面積急遽變寬的急擴大管，由於流動處突然變得非常寬，這樣就會在急擴大的部分產生漩渦，而產生損失。

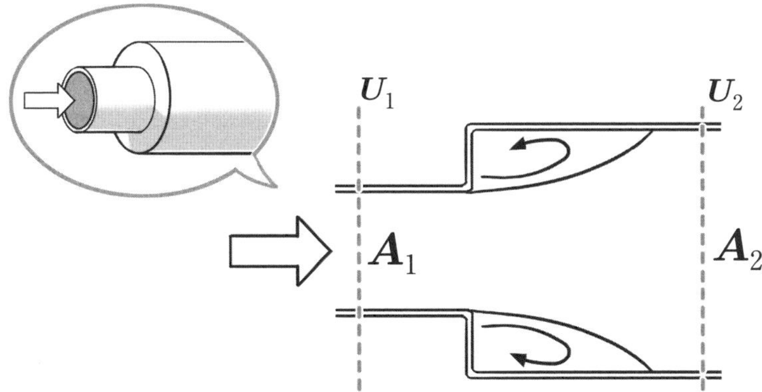
U_1
U_2
A_1
A_2

設入口處的剖面積爲 A_1，速度爲 U_1，擴大部分的面積爲 A_2，離擴大位置相當遠的位置上速度爲 U_2，則因剖面積變化的損失係數 ζ 會變成

$$\zeta = \left(1 - \left(\frac{A_1}{A_2}\right)\right)^2$$

●急縮小管

在剖面積急遽變小的急縮小管中，管內的流動會發生縮流，流動路線的剖面積會變得比下游的剖面積A_2還更小。

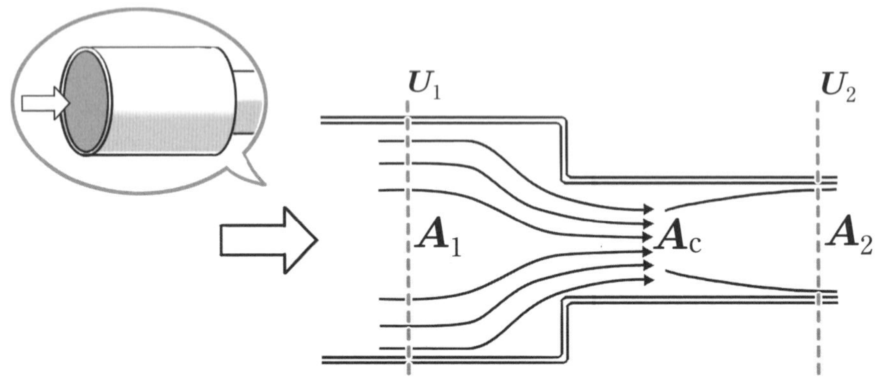
U_1
U_2
A_1
A_C
A_2

定義縮流部分的剖面積爲A_C，縮流係數爲$C_C = A_C / A_2$，則急縮小管的損失係數ζ可以表示爲

$$\zeta = \left(\left(\frac{1}{C_C}\right) - 1\right)^2$$

在急縮小管的情況時，一般會將下游的平均速度U_2設爲特徵速度。

●彎曲的管子

彎曲的管子，依據曲率分爲彎管和肘管，曲率半徑大的稱爲**彎管**，因爲彎曲的管子內側的流動會沿著半徑方向被推過去，所以管內產生了漩渦。

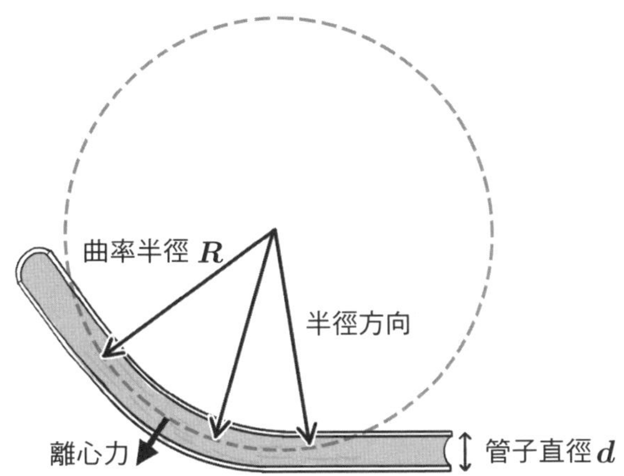

曲率半徑 R
半徑方向
離心力
管子直徑 d

管子直徑爲d，彎曲角度爲θ〔°〕，曲率半徑爲R，彎管的損失係數ζ可以表示爲

$$\zeta = \left\{0.131 + 1.847\left(\frac{d}{2R}\right)^{3.5}\right\}\frac{\theta}{90} \qquad (0.5 < R/d < 2.5)$$

～洗澡水與阿拉伯海的石油！？～

在這次的學習中，我們學的都是與生活息息相關的例子。
第 3 章裡是以奶昔、吸管、繪希的嘴巴等爲例。

若是使用工業領域的例子來看，
奶昔就是石油（原油），吸管就是油管線，嘴巴就是幫浦。

那麼，這裡有個問題。
將洗澡水送進洗衣機的省水幫浦，沒辦法輸送阿拉伯海的石油。
這是爲什麼呢？

現在學過了黏度後，你應該馬上能知道答案了吧。
石油的黏度高，依據牛頓黏性定律，黏滯應力會變大。
結果造成管摩擦變大，因此幫浦就沒辦法輸送石油了。

一如這個例子，人們實際在使用的幫浦等各種工業製品，都是考量過其在用途上所會出現的流體黏度才設計出來的。

第4章

阻力與升力

1 作用在物體上的阻力與升力

…呼
暫時先唸到這…

反正也沒
事做…
不行，離模擬考
只剩兩週…
再多看一點吧。
唉…

嗯？白石傳
簡訊來？還
眞難得…
啪
寫些什麼呢…

…………
海？

嘩啦～！

哇～～海耶～！
夏天果然還是要來海邊啊！！
喔喔…！
我們想說今天就在這裡上流體力學的最後一堂課！

抱歉社長，在妳那麼忙的時候…
耶嘿～
不會啦…不用在意，

這樣可以轉換一下心情，對我也有幫助啦。
白石同學，白石同學！今天要做什麼？
啪喳
啪喳

今天要用流體力學
來解決不可思議現
象的謎團唷！
不可思議的現象！
也就是神秘現象囉！？
緊張
沒有幽、幽靈
之類的吧？

帆船爲什麼能乘著風前進呢？

投手投出的曲球爲什麼會轉彎呢？

高爾夫球表面爲什麼要有坑坑洞洞呢？

可以解開這些謎團的，就是
接下來要說的——

「因流動而對物體
作用的力」！

鳥或飛機會飛的理由，
也可以用它來解答唷。
喔喔～！太厲害啦！
白石同學快點教我們啦！

鳥和飛機為什麼可以在空中飛呢？（升力）

鳥和飛機爲什麼可以在空中飛呢？
嘎—
嘎—
爲了瞭解這道理，我們得先從阻力和升力講起。

用最最簡單的方式來說，「阻力」就是「妨礙阻擋的東西」，「升力」就是「讓鳥或飛機向上飄浮的東西」。
妨礙阻擋的東西？

比方說騎腳踏車時感受到的風吹，
或是在水中行動時，會感到不太容易移動。

以人為基點考量時的相對流動方向
人前進的方向
阻力

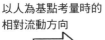

以人為基點考量時的相對流動方向
人前進的方向
阻力

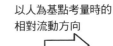

這裡有一點很重要，即便空氣或水是停止的，當人從右邊往左邊移動時，若以人爲基點來考量，流體相對而言就等同於由左往右流動一般。
即使沒有起風，只要我動起來還是感覺得到風呀～

相對於剛剛作用在流動方向上的「阻力」，

以人為基點考量時的相對流動方向
人前進的方向
升力
阻力

「升力」則是與流動呈**直角方向**（在這個例子裡，是筆直向上）作用的力。

升力則與物體的形狀大有關係。
飛機的機翼形狀就可以獲得很大的升力…

但可惜騎腳踏車、或者人體在水中時所受到的升力都非常小。
所以才沒有騎腳踏車飛上天的人呀…
有的話也不錯啊…
啊！

升力是**向上的力**…這個我記得
（參閱 P.43）
不是在說明浮力時就出現過了嗎？
那麼這裡就來好好地比較「升力」和「浮力」的差異吧！

簡單來說，浮力是即使物體靜止時，仍會作用於物體的力。
相對而言，**升力是物體與流體產生速度差時，發生的力**。
這樣啊……
浮
升
啊～原來如此～

船的確是在停止時
仍會浮在海上！
載浮
載沉
浮力
重力
是的！

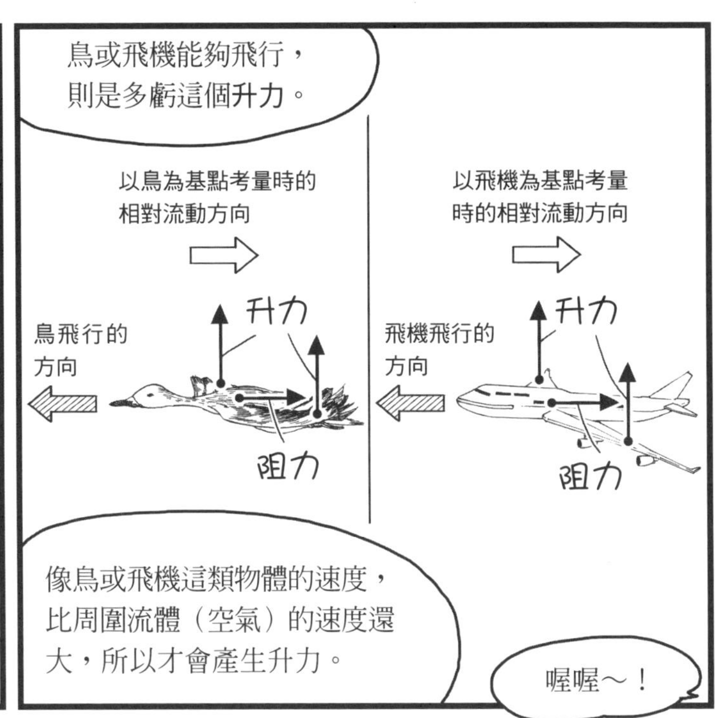
鳥或飛機能夠飛行，
則是多虧這個升力。
以鳥為基點考量時的
相對流動方向
升力
鳥飛行的
方向
阻力
以飛機為基點考量
時的相對流動方向
升力
飛機飛行的
方向
阻力
像鳥或飛機這類物體的速度，
比周圍流體（空氣）的速度還
大，所以才會產生升力。
喔喔～！

爽快地解決了耶！
升力真是簡單啊！
繪希…好好想一下，
流體力學應該是要來
解釋產生升力的詳細
原因吧。
社長妳說的沒錯！

現在開始…來學習
升力的真面目吧！
升
力
真面目嗎！太好了
～我有興趣～！

為什麼帆船可以乘著風前進呢？（升力的運用）

爲了能夠更進一步理解升力，我們來想想「**為什麼帆船可以乘著風前進呢？**」

剛巧那艘帆船也正左擺右擺乘著風前進呢。

帆船運用風，在風中前進…！
的確是不可思議的現象呢～！

很不可思議吧～
直截了當地說，其實帆船就是利用了**升力**！

咦，眞的嗎！？？
升力原來不是只有飛機或鳥才會有啊。

妳看帆船的帆布有個大大的弧度吧。
它和飛機的機翼一樣，因帶有**曲率***而張開，
因此，升力就能在船帆上起作用。

※曲率，是表示彎曲狀態的量。彎曲愈劇烈，曲率也就愈大。

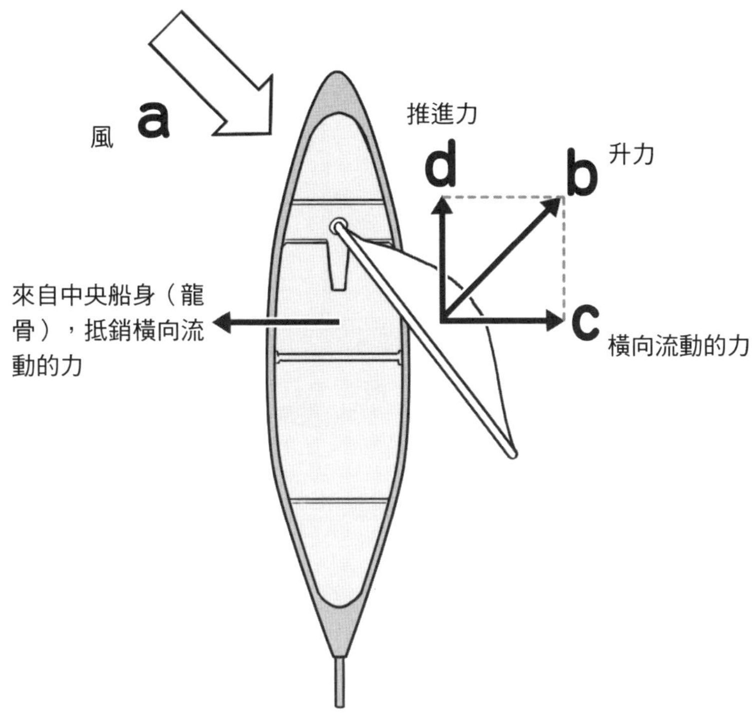
風
a
推進力
d
b
升力
來自中央船身（龍骨），抵銷橫向流動的力
c
橫向流動的力

從正上方看帆船的樣子

引用自：Aquamuse 141 帆船的原理—推進力（アケアミューズ 141 ヨットの原理—推進力）http://www.aquamuse.jp/zukai/genri/suishin/index.html 有部分修正

請看這個圖。當有風從**a**方向吹來時，就會產生對**a**呈直角方向流動的升力**b**。

啊啊，原來如此！如果俯視帆船，就能很清楚知道直角的方向在哪了。

這個升力**b**可以分解開來，看作是讓帆船前進的推進力**d**與橫向流動的力**c**的組合。

推進力是很重要啦，但橫向流動的力就不需要啦～！
這樣帆船不就會橫著跑⋯

與橫向流動力抵銷的板子，稱爲龍骨（keel）。
龍骨裝在船體中央的正下方，突出在水中。

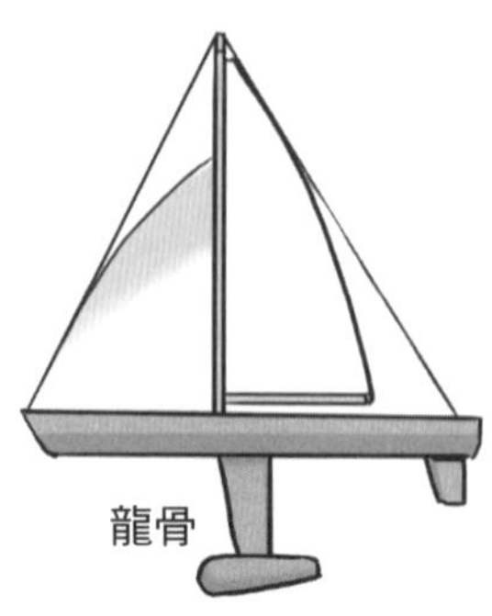
龍骨

這個龍骨會盡可能將橫向流動的力**c**抵銷掉。

推進力**d**就是前進的動力吧。
這樣的確就能乘著風扶搖前進了呢！
「**為什麼帆船能乘著風前進？**」這謎團就這樣解決了，耶～！

是已經知道它善加利用升力前進…
但是怎麼產生升力的部分還是一堆謎團。
船帆的曲率使升力產生…？是怎麼回事呀…？

哎唷～！小茜學姐，妳疑心病眞重耶。

妳也太乾脆就想通了吧。

沒關係啦。
那就再講更詳細一些，來想想升力發生的原因吧。

機翼和船帆的共通點是什麼？（流線曲率的定理）

流線曲率

能夠解釋「爲什麼會發生升力呢？」這個疑問的定理就是「流線曲率定理」。

這是用來說明爲何當流體流經像機翼之類的彎曲板面時會產生升力的重要定理。

喔喔…這看來非學好不可呀。

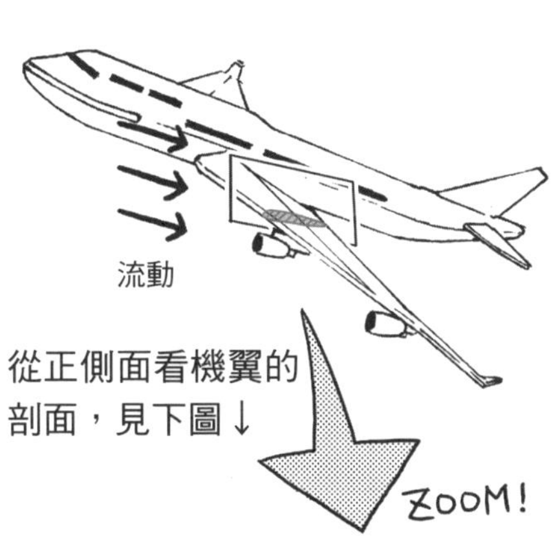

流動
從正側面看機翼的剖面，見下圖↓
ZOOM!

流線曲率有三個重點！

- 當流體接觸到像機翼這類彎曲的板面時，會沿著彎曲板面的表面而彎曲。
- 愈往彎曲流線（流動）的內側（機翼表面側）走，**壓力會愈低**，愈往**外側走壓力愈高**。
- 流速 U 愈大，或是機翼的曲率半徑 R 愈小，壓力的變化量就會愈大…就是這三點。

壓力較高

彎曲的流線

流速 U

壓力較低

機翼的表面

機翼的剖面

顯示流動在機翼周遭的彎曲流線圖示

…接、接下來會慢慢說明啦。
？
一頭霧水

首先，注意看流線的一部分。也就是▭部分!
彎曲流線
r 軸方向
Δr
U※
壓力 p_2
壓力 p_1
※速度是沿著流線的切線方向。（參照P.58）
流線的半徑 r
流體的密度 ρ
機翼的剖面
然後設這個 Δr 的壓力變化量爲 $\Delta p = (p_2 - p_1)$，
流體的密度爲 ρ…
我們將它的垂直外側方向設爲 r 軸的正向，微小的距離設爲 Δr。
就可以將流線曲率定理寫成這樣的公式！
$\frac{\Delta p}{\Delta r}$ 就是表示半徑方向上壓力變化量的壓力梯度。
意思就是說若距離增加 Δr〔m〕，壓力就會增加 Δp〔Pa〕嘍。
流速 U，流線半徑 r
$$\frac{\Delta p}{\Delta r} = \rho \frac{U^2}{r}$$
這裡要注意，壓力是高或低，都是以大氣壓力為基準來思考。
大氣壓力
機翼下方也可以用同樣方式思考。
也就是說，流線曲率定理可以整理成這樣。
機翼是利用彎曲的板面製造出彎曲的流線啊！
機翼迎風時…
●在機翼上方，愈往彎曲流線的內側跑，壓力會比大氣壓力低。
●在機翼下方，愈往彎曲流線的外側跑，壓力就會比大氣壓力高。
●但是，在機翼的「極上方」和「極下方」，壓力則等同於大氣壓力。
大氣壓
彎曲流線
壓力變低
機翼
壓力變高
大氣壓力
上方的壓力＜大氣壓
大氣壓＜下方的壓力
由此可知…
上方的壓力＜下方的壓力

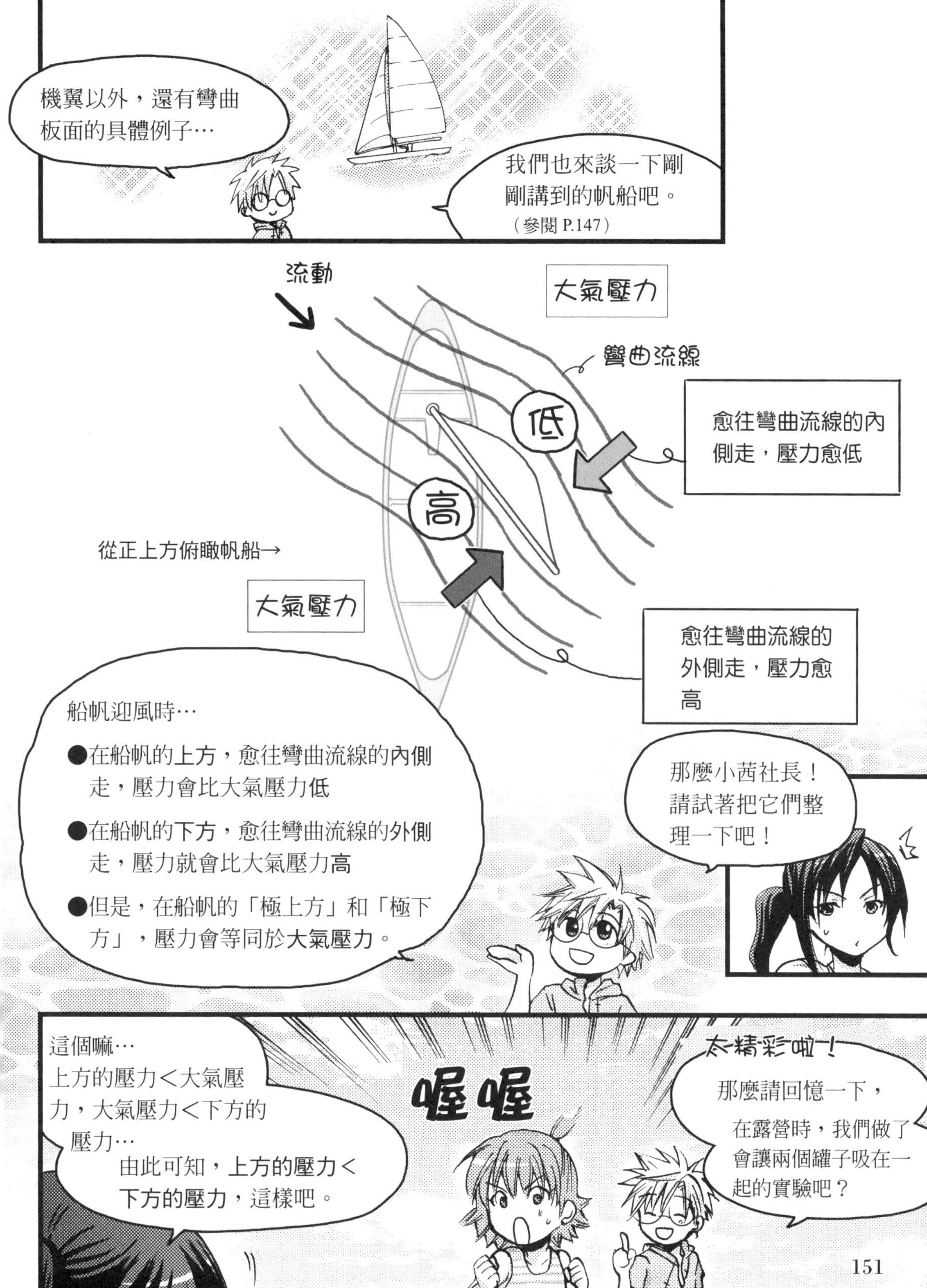
機翼以外，還有彎曲板面的具體例子…
我們也來談一下剛剛講到的帆船吧。
（參閱 P.147）
流動
大氣壓力
彎曲流線
低
愈往彎曲流線的內側走，壓力愈低
高
從正上方俯瞰帆船→
大氣壓力
愈往彎曲流線的外側走，壓力愈高
船帆迎風時…
●在船帆的上方，愈往彎曲流線的內側走，壓力會比大氣壓力低
●在船帆的下方，愈往彎曲流線的外側走，壓力就會比大氣壓力高
●但是，在船帆的「極上方」和「極下方」，壓力會等同於大氣壓力。
那麼小茜社長！請試著把它們整理一下吧！
這個嘛…上方的壓力<大氣壓力，大氣壓力<下方的壓力…
由此可知，上方的壓力<下方的壓力，這樣吧。
喔喔
太精彩啦！
那麼請回憶一下，
在露營時，我們做了會讓兩個罐子吸在一起的實驗吧？

呣－！
那個罐子的實驗！
我記得那是有力從壓力高的一方往低的一方推過去，兩個罐頭才會吸在一起嘛！
（參閱 P.79）
大氣壓力
大氣壓力
壓力低的地方
沒錯。
啊啊…

所以說這個升力也是…因爲上面的壓力比下面的壓力低，所以出現壓力差而產生的力囉？
流動
低
正上方俯看風帆的位置
高
答對了！

機翼與帆船的風帆，都是因爲彎曲流線造成壓力差，才產生出「升力」的。

從正側面看飛機機翼的剖面

流動

低

升力

高

原來啊…會作出這形狀不是沒道理的…

眞是令人感慨呀，繪…

…嗯，繪希？
學姐！白石同學！
這裡有刨冰！咖哩飯！還有炒麵唷！
味道好香～！
…那傢伙好像也被吸走了，
被壓力差以外的力…

湯匙的不可思議現象！？
（升力的實驗）

海

在這種地方吃咖哩飯，還真是好吃呢～

本來就很好吃的咖哩飯變得更好吃了～海邊真棒啊～！

不過有點可惜！這盤咖哩飯只放了一塊肉…

啪！

繪希，既然剛好有這機會，

我們就用那湯匙來做個實驗吧！

我們把那支塑膠湯匙…

綁上線後，底部面向右邊垂直吊著吧。

然後，用這電扇…

嘿咻

試著讓風從上往下吹。

於是呢…

風的流向

呼呼呼呼

擺

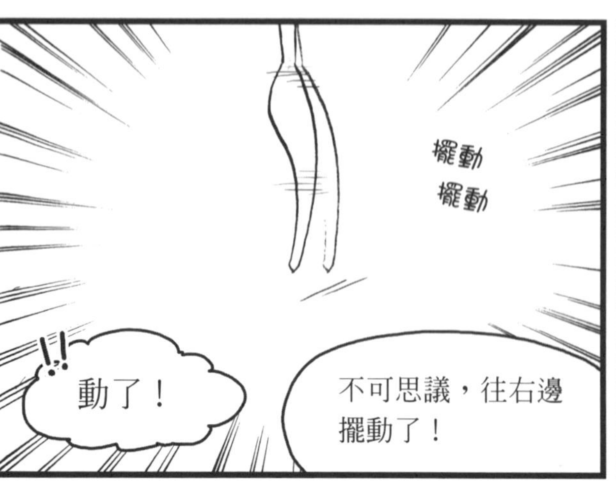
擺動
擺動
!!
動了！
不可思議，往右邊擺動了！

好厲害！湯匙發生了不可思議的事了！
妳是笨蛋嗎

這是因為流線曲率造成的壓力差出現在湯匙的左右，因而產生了從湯匙左邊往右邊去的「升力」吧。
對吧，白石？
流動的方向
高
低
升力
彎曲流線
沒錯，真不愧是社長。
這道理和帆船的風帆或飛機機翼完全一樣唷。

把湯匙這樣擺的話，看，形狀就很像機翼或風帆吧～？
這個部分
是呀…就是這個彎曲的形狀使升力發生的。

嗚呼呼呼…
…那個…
可以把湯匙還我了嗎…？
咕嚕嚕嚕

游泳好累唷！
（阻力）

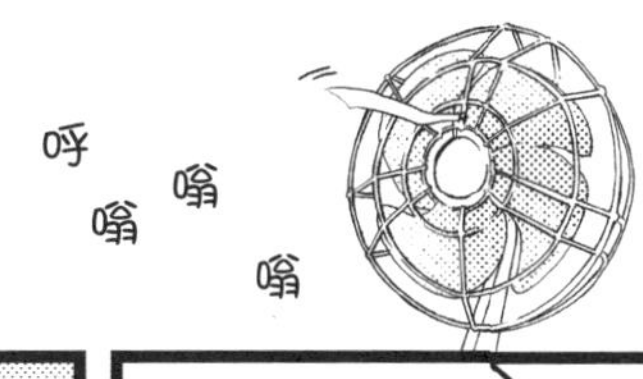
呼
嗡
嗡
嗡

既然有休息室…當然就休息一下啦…
悠悠閒閒…
嗯啊…

游泳也是很累人的…
反正剛吃完飯，就先休息吧…
啊哈哈

這樣啊～…
跟它們分開了啊…
此外，在流體力學裡，像「阻力」或「升力」等等，這種因為流動而產生的力的總稱就是「流體力」。
流體力
升力
阻力
重力
摩擦力

白石同學，我記得唷～在海裡會累是因爲受到與游泳方向相反的「阻力」作用，而必須要抵抗這股力量的關係吧～
是呀～

因流動而對物體作用的流體力，與動壓——也就是流體的動能 $\frac{1}{2}\rho U^2$ 呈正比。
意思就是動壓愈大，流體力也愈大吧⋯
我問你喔
白石同學，流體力有升力和阻力，所以如果流動變快，這兩種力也都會變大嗎⋯？
是呀怎麼了？

那麼那麼！！！
不是只有升力，而是連阻力也會一起變大！？
升
阻
只要升力就好了啦
這樣不就很傷腦筋嗎！？因為，升力是讓飛機飛起來的好人⋯阻力卻是害我游泳很累的壞人！！？
妳發現一個重點了呢！繪希！

的確，被阻力阻礙時，升力也沒辦法好好利用。
所以為了消除這個兩難困境，就出現了各式各樣的研究與方法唷。

惱人的兩難啊！（阻力係數與升力係數）

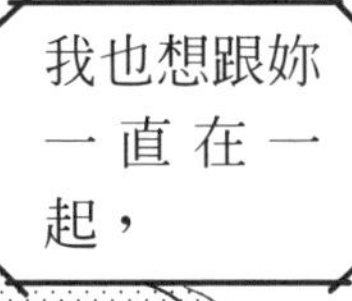

我也想跟妳一直在一起，

但是這樣就沒法兒工作了啊！

幸子，請妳體諒我…！

那麼我們來更進一步探究這惱人的兩難——阻力與升力吧。

我們將阻力、升力對應於動壓的比例分別稱為「**阻力係數**」、「**升力係數**」。

阻力係數、升力係數是雷諾數的函數，會隨著流動的狀態…也就是**層流**或**紊流**而產生巨大的變化。

有時阻力的比例比較多
有時升力的比例比較多
阻力係數
升力係數

雷諾茲！在水中混入墨水的那個人吧！

之前說過，在層流與紊流的邊界，雷諾數大約是 2320。

在學習因流動而對物體作用的力時，雷諾數是不可欠缺的東西。

接著，阻力或升力等流體力與動壓 $\frac{1}{2}\rho U^2$、還有機翼的面積 A 呈正比，它們的比例係數就是**阻力係數**或**升力係數**。

轟隆隆隆

順帶一提，動壓是與流體密度 ρ 及速度的平方 U^2 呈正比。

轟轟

轟…

剛剛好，

就拿飛機來當例子吧。

設阻力係數為 C_D、升力係數為 C_L、流體密度 ρ、流速 U，

機翼的面積設為 A…

嗯嗯

$$阻力：D = C_D\left(\frac{1}{2}\rho U^2\right)A\ [N]$$

$$升力：L = C_L\left(\frac{1}{2}\rho U^2\right)A\ [N]$$

係數

動壓

機翼面積

這就是求出阻力與升力的公式！

哇！

這是準備要讓流速變快，機翼面積變大，流體密度變大的乘法吧！

的確，這些要素好像都會加大流體力呢…

那麼那個…所謂機翼面積，

是指機翼哪裡的面積？

對不起，我忘記講了。

這個面積是「正面投影面積」，

正面投影面積就是從物體正面看過去時的面積。

繪希！請妳站在那牆前。

唰

？？？

啪
若把房間變暗，再用手電筒朝繪希的方向照去…

這個影子！
前面投影面積 A
看！
出現繪希的正面投影面積了！

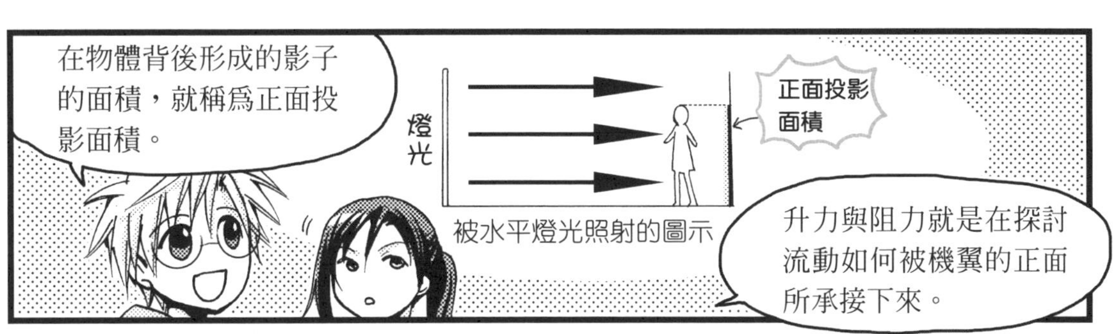
在物體背後形成的影子的面積，就稱爲正面投影面積。
燈光
正面投影面積
被水平燈光照射的圖示
升力與阻力就是在探討流動如何被機翼的正面所承接下來。

所以說，正面投影面積若縮小，阻力也會變小囉？
嗯嗯！
這樣子從風傳來的阻力好像也會變少。

對飛機而言，阻力是一種抵抗，因此想要讓它變小，但同時又想得到更大的升力。
所以才要花很多心思來縮小正面投影面積吧～

請看那架飛機。

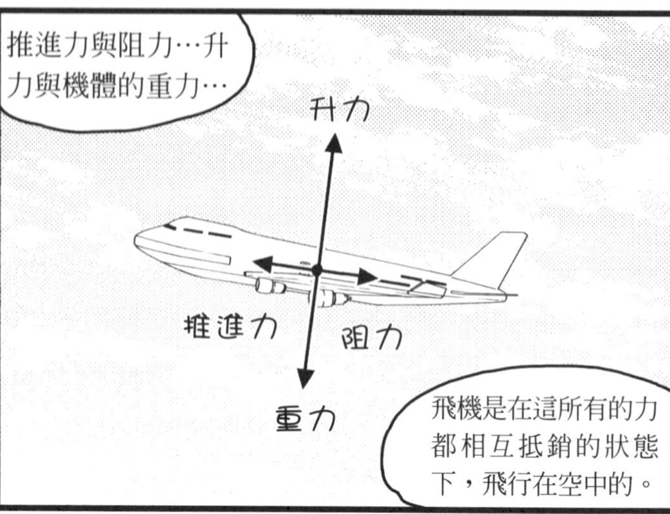
推進力與阻力…升力與機體的重力…
升力
推進力
阻力
重力
飛機是在這所有的力都相互抵銷的狀態下，飛行在空中的。

轟

轟

轟轟

即使擁有兩難，仍然保持著絕佳的平衡而飛行著啊…

這麼一想…飛機在能夠那樣飛行之前，想必是經過很多困難吧——眞是令人感觸良多啊…

我知道了…幸子，只要我們兩個一起在同一個地方工作就可以了！
不管工作還是妳…並不是非得要選擇其中一個不可呀！
幸男…！

要失速了！？（攻角，分離）

再多講一些與阻力係數和升力係數有關的東西吧。
機翼的傾斜，如下圖這樣，表示「機翼對於流動而言有多斜」的角度，我們稱爲**攻角**。

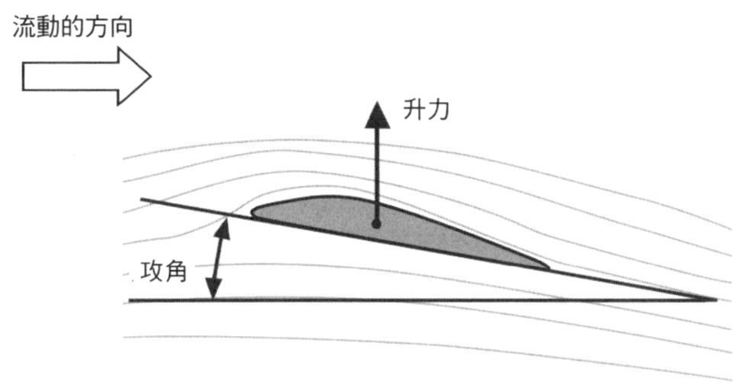
流動的方向
升力
攻角

另外，請看下方的曲線圖。
這張圖表示出攻角、阻力係數、升力係數。

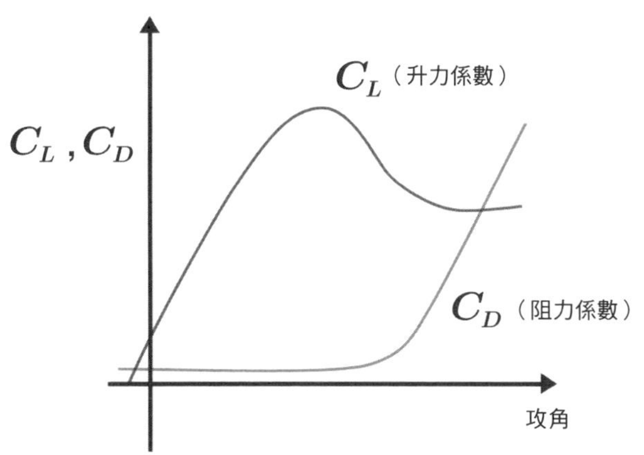
C_L, C_D
C_L（升力係數）
C_D（阻力係數）
攻角

攻角、阻力係數、升力係數的曲線圖

嗯…？機翼愈是傾斜，也就是攻角愈大的話，在某種程度之前，升力都會不斷提高，但是…。

有時候，升力會突然下降，阻力則一下子衝上去，造成了兩邊的互換…好可怕喔～！到底怎麼回事！？

那麼我就來說明，這時到底發生了什麼事吧！
在達到某個程度之前，只要攻角增加，升力也會跟著增加。
這時風會很平順地在機翼周圍流動。

嗯嗯。風跟機翼相處融洽，很幸福的樣子。

但是！若角度超過某個程度，風就變得沒辦法平順地在機翼周圍流動。

機翼上方就會產生**流動自物體表面分離開來的現象**，我們稱之為「**分離現象**」。
而且機翼後方，還會產生漩渦。

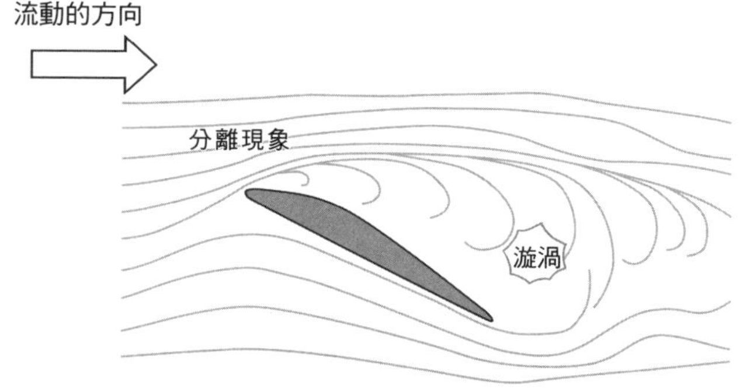
流動的方向
分離現象
漩渦

什麼～！出現漩渦的話，好像就會妨礙到升力耶…

原來如此啊，這個狀態就是曲線圖中的那個部分——升力降低，阻力增加而造成了失速的狀態嘛。
飛機要能夠在空中飛行，還眞是要花費很多心力呢。

2 在回轉物體中作用的力

曲球為什麼會轉彎呢？（馬格納斯效應）

啊～…
像這樣讓身體隨著海浪漂流
沙—
悠閒…
也是來海邊玩的極致所在呀～…

現在不是做這種事的時候吧白石同學！
還有不可思議的現象沒解開呀！
驚嚇
這麼一說，還眞不自覺地悠哉了起來！
那接下來，來講「為什麼投手投出的曲球會轉彎呢？」吧！

關於這點我還小有自信唷…
球會彎曲是因爲啊…所謂投手的怨念和執著吧…
呼呼
呼呼
…眞意外，妳居然是相信毅力論的…
可惜啊繪希，
這還是可以用白努利定律來解決的唷！
白努利…又是他呀…
白努利…
?

白努利定律（流體的能量守恆定律）
$\frac{1}{2}\rho u^2 + p + \rho g z =$ 恆定
動能
壓力能
位能
位能若是固定…
沿著流線的流動變快，壓力就會變低
沿著流線的流動變慢，壓力就會變高
啊，對啦！
想起來了！
我想起來囉！
那麼請想像一下，
如果我們現在
在打棒球…
沙
沙
哇啊啊啊啊啊
啪
投手（小茜）
打者（繪希）
捕手（白石）
唰

投手是
小茜社長，
唰

打者是繪希，
我是捕手。
嘿嘿！我是
第四棒！

我要從捕手的角度
來解說囉。

社長！請投給我
曲球！

這個嘛…

來囉。

喝！

咻

嗚啊！

好球！

碰

看得見剛剛
那球嗎？
那接下來請
再仔細看！
仔細看…
嗯？
啊！！
碰
好球
丟。
白、白石同學，
我看到了！
雖然沒打到，但
我看到了！
呼…
沒想到還挺累人的…
妳發現了嗎！
球向右彎了！
而且兩次都是這樣！
棒球
剛剛社長的投球，已經用上方的攝影機捕捉下來了，就參考那個吧！
沒錯！
這就是曲球。
那麼就從妳眼睛看到的地方，試著以流體力學來做檢驗吧！
什麼時候裝
…！

投球內容摘要

～那時，球轉彎了～

首先，我們先從空中俯瞰圖來確認小茜社長所在的方向（投手），以及我所在的方向（捕手）。球從小茜社長那裡投過來。

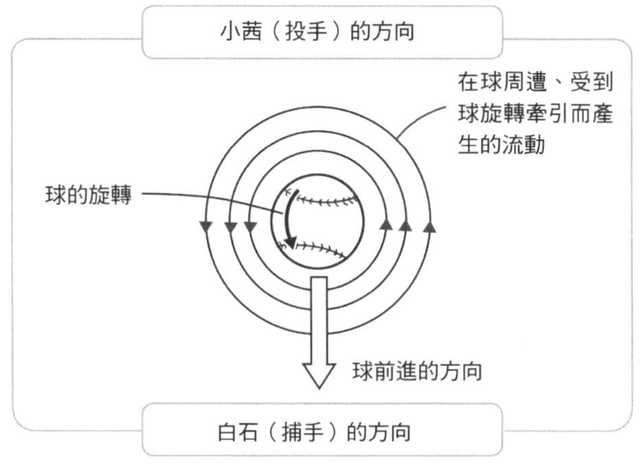

小茜（投手）的方向
在球周遭、受到球旋轉牽引而產生的流動
球的旋轉
球前進的方向
白石（捕手）的方向

嗯嗯，因爲投的是曲球，所以球前進時呈逆時鐘旋轉。

因爲受球的旋轉牽引，球周圍的空氣流動也呈逆時鐘旋轉。於此同時，從球的角度看出去，有一道相對於球的前進方向，迎面而來的流動。狀態請見下圖。

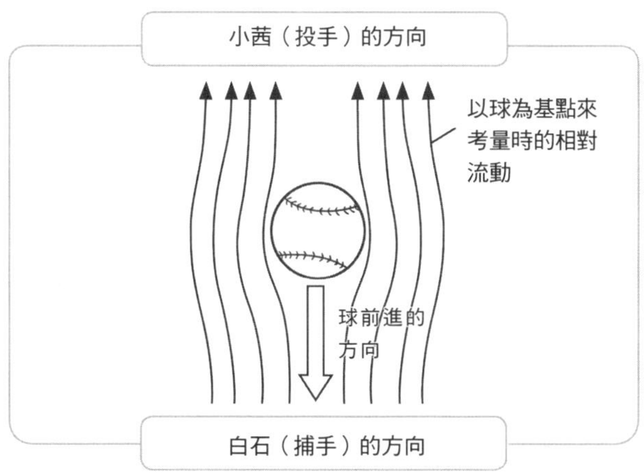

小茜（投手）的方向
以球為基點來考量時的相對流動
球前進的方向
白石（捕手）的方向

對耶！其實這就像腳踏車範例（參閱 P.143）時教的一樣，若是以球爲基準，風看起來就像是從打者往投手方向流動。

那麼，現在我們把目前講解過的兩種流動合在一起。
到底會變怎樣呢？

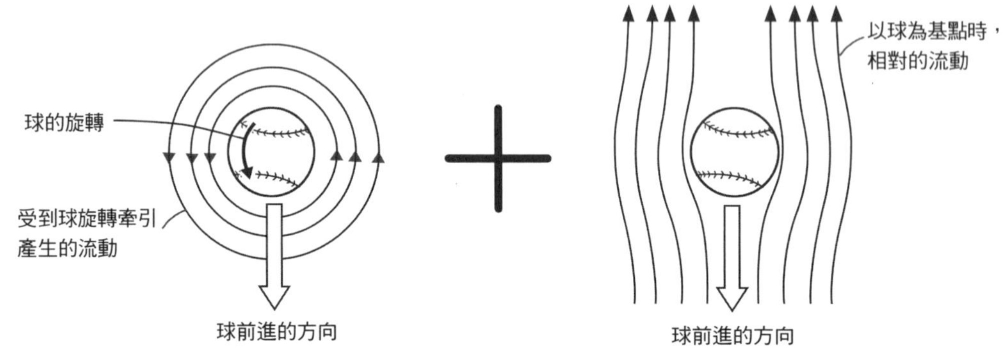
球的旋轉
受到球旋轉牽引
產生的流動
球前進的方向
以球為基點時，
相對的流動
球前進的方向

…好緊張喔。

鏘～！將兩種流動合在一起的樣子，請看下圖。
怎麼樣？有沒有注意到什麼呀？

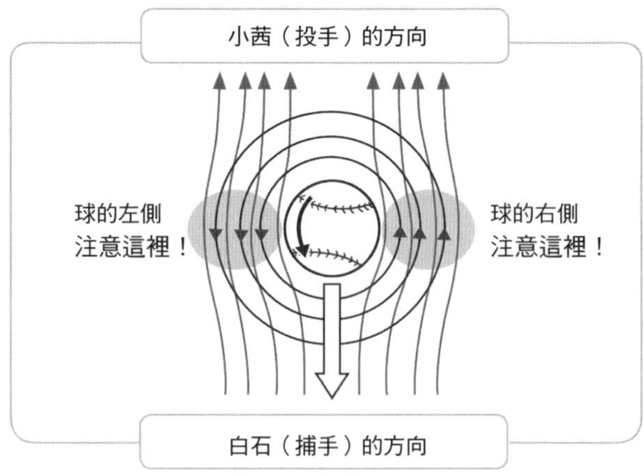
小茜（投手）的方向
球的左側
注意這裡！
球的右側
注意這裡！
白石（捕手）的方向

啊…！左右的箭頭方向不一樣吧！

嗯嗯，整理起來是這樣啊。

POINT！

在球的右側…
以球為基點考量時，相對朝向球的流動，與受球旋轉牽引、在球周圍產生的流動，方向一樣。

在球的左側…
以球為基點考量時，相對朝向球的流動，與受球旋轉牽引、在球周圍產生的流動，方向相反。

沒錯！因此…
球的右側流動會變快，左側則是流動變慢。

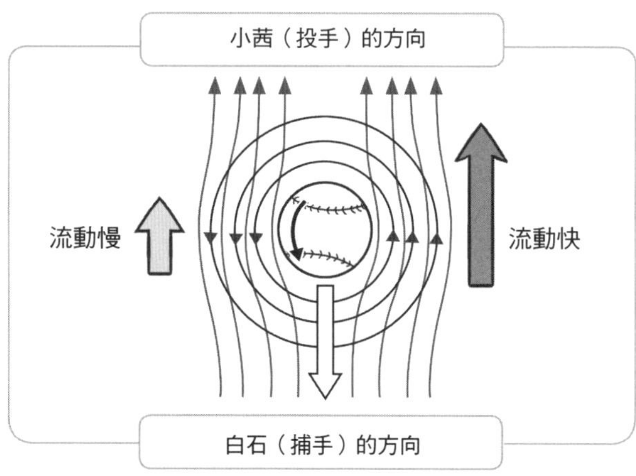
小茜（投手）的方向
流動慢
流動快
白石（捕手）的方向

嗯嗯。

那麼，接著來看白努利定律。

POINT !

白努利定律

若是位能沒有變化，
沿著流線的流動變**快時，壓力會變低**。
沿著流線的流動變**慢時，壓力會變高**。

也就是說，球右邊的壓力會變**低**，左邊的壓力則會變**高**。

這裡也是壓力差…！
那這就表示，這是**升力**啊。

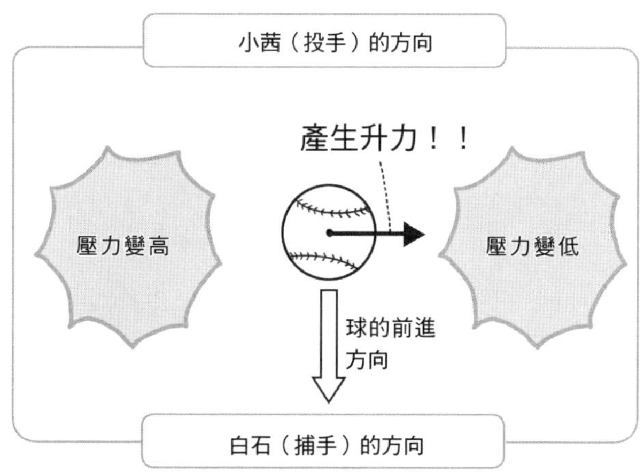
小茜（投手）的方向
產生升力！！
壓力變高
壓力變低
球的前進
方向
白石（捕手）的方向

答對了！在此產生了升力。
這股力從壓力較高的左邊向壓力較低的右邊作用，因爲那個力而使球路產生了轉彎的現象。

原來如此…所以從捕手那方向看，球才會往右轉啊。
連握球方式也改變了呢～
順帶一提，若不是曲球，而是噴射球時，方向則全都是反過來的唷。
可是沒想到連曲球的成因都有升力…
啊哈哈
眞的連運動都與流體力學有關呢…
像這種將球放在均勻的流動裡，因旋轉而產生升力的現象，就稱爲「馬格納斯效應」。
馬格納斯效應
均勻的流動
旋轉
流動慢（壓力高）
流動快（壓力低）
升力
馬格納斯效應好像很強！
用變化球把打者一個接一個解決掉的投手，要和這個效應成爲好夥伴吧！
既然知道球轉彎的理由了，就再來一球吧！
這次就換小茜學姐來打擊！
游走
我才不要…

3 流動分離

不要平坦光滑，凹凹凸凸較好！？（減少空氣阻力）

終於到最後了！
讓我們來解開「**為什麼高爾夫球是凹凹凸凸的？**」的謎團吧。

好！若是光著腳踩高爾夫球，那按摩穴道的感覺真不賴。
所以才作成凹凹凸凸吧！

…白石，給點提示吧。

好，其實作得這麼凹凹凸凸是有個有趣的小故事。
以前的高爾夫球只是一般的橡皮或樹脂塊，表面也很平坦光滑。
但某天有人發現，**比起全新的球，用得愈久、愈多傷痕又凹凹凸凸的高爾夫球，反而飛得比較遠**。從那時開始，就開始把球做得凹凹凸凸的。這種凹凸就稱作「球窩」（dimple）。

哇～！高爾夫球原來有這種誕生的小秘密呀！

要讓飛行距離變長，也就是說，要增加升力而減少阻力囉。

沒錯！這裡要詳細說明**減少空氣阻力**的部分。

嗯…？
可是，仔細想想還挺奇怪的…
一般說來，表面光滑的球，空氣阻力好像比較少吧？

對呀，我也這麼想。

妳們都這麼想對吧！這部分就有點複雜了。
因爲那個球洞的關係，球的表面才會發生「**小漩渦**」。

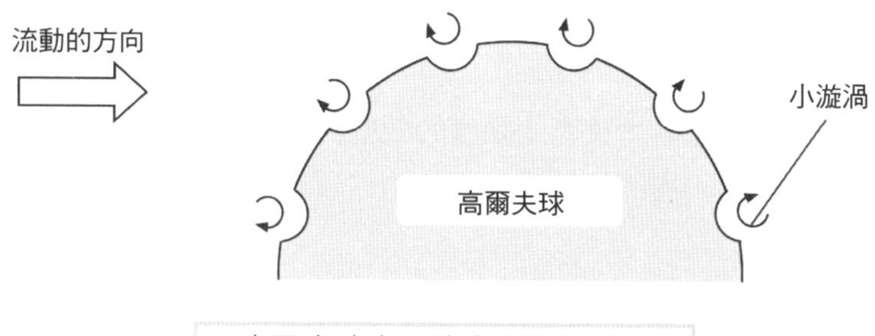
流動的方向
小漩渦
高爾夫球

高爾夫球表面的小漩渦的樣子

小漩渦！？怎麼會！如果有漩渦，那球表面的空氣流動不就會變得很亂嗎？？

是的，因爲那些小漩渦，使得球表面的流動變成了「**紊流**」。
也就是之前有提過的，擾亂的流動。（參閱P.114）

我不懂…爲什麼要大費周章的形成紊流呢…？

呼呼呼，那是有很深～奧的原因的。
想解開高爾夫球的謎團，一定要具備我們至今所學過的所有流體力學知識。
現在既然我們都學過了，就一定可以清楚解開這個謎團！
說起來會有一點長，我們就慢慢一步步地說明吧。

小小世界的恐怖事件！？（分離）

我們將物體放在流動裡。
結果，在離物體相當近的周遭，有個區域的流動會變慢。這個常常出現的領域，被稱爲「**邊界層**」。

此外，這個邊界層相當薄，好比在高爾夫球發生的邊界層，只有 1mm 以下。

哇！眞是小小世界呢！

在邊界層的流動，會產生**黏度**的效應。
而且邊界層的內側與外側，流動的性質有很大的不同唷。

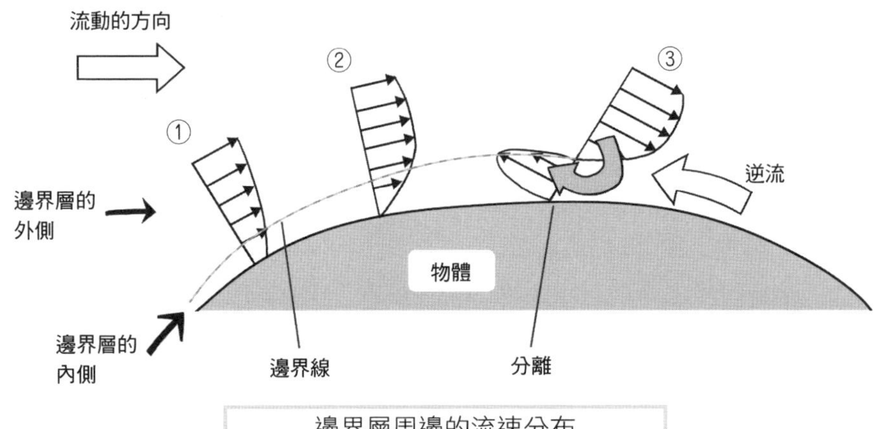

流動的方向
①
②
③
逆流
邊界層的外側
物體
邊界層的內側
邊界線
分離

邊界層周邊的流速分布

眞的耶，觀察①和②，流速在邊界層的外側變化較少，但在邊界層的內側變化就很激烈。

如果是③，在邊界層的地方就被扭過去而變成了逆流耶…！

由於邊界層內側的速度梯度大，使得流體受黏滯力影響而喪失其動能。

啊啊，我想起來了。

如果速度梯度大，那個「我要阻礙流動～」的**黏滯力**也會變強。（參閱P. 99）

黏

沒錯！因此，邊界層內側的流速就不斷減少了。

流速減少…也就是**邊界層內側的壓力變高**的意思。

若是沿著流線的流速變慢了，壓力就會變高！

這是白努利定律裡講的嘛。

另一方面，由於邊界層外側的流動，較接近沒有黏度的理想流體，所以仍能保持爲動能損失較小的均衡流速。

嗚哇…怎麼有種不好的預感…

因此，隨著往下游移動，邊界層要沿著物體的形狀流動會變得很難，於是流動就從物體表面分離開來，在下游形成「**大型分離渦**」。我們稱這種狀態的流動爲**分離**的狀態。

就像剛剛圖③裡的那樣。

啊！分離聽起來好像很耳熟耶。

之前在講飛機的機翼傾斜度時有出現過喔。（參照P.162）

順帶一提，分離也被稱作「剝離」，就是剝開的那個剝。

流動被剝開啊。如果發生了分離現象，那會變成怎樣呢？

呼呼呼，問題可大了唷…
如果發生了分離，阻力就會突然變得非常大。
飛機機翼也是一樣，如果發生了分離現象，升力會減少，阻力會增加，這樣一下子就會失速了吧…？

好可怕…我不要分離…
肉眼看不到的小小世界裡，也會發生那麼可怕的事啊…

哼嗯。反過來說，就要增加升力、減少阻力，所以阻止分離現象發生是相當重要的呢。

眞是觀察敏銳！我們漸漸接近謎團的眞相了唷。
那麼接著請看下面的圖。
邊界層分離的位置，也就是「**分離點**」，會因爲邊界層爲**層流或紊流**而有所不同。

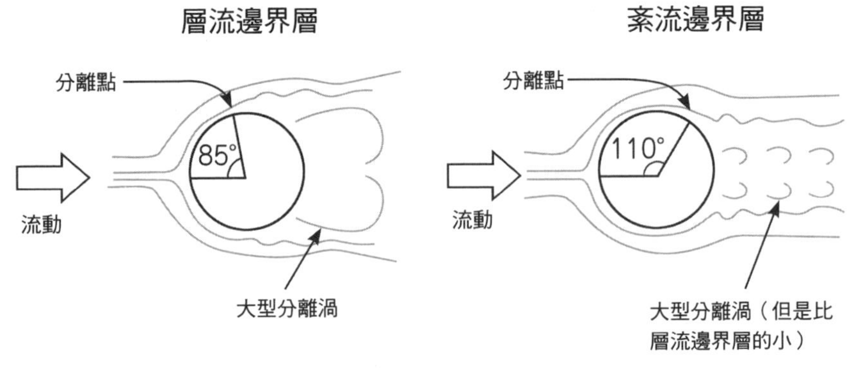
層流邊界層
分離點
85°
流動
大型分離渦
紊流邊界層
分離點
110°
流動
大型分離渦（但是比
層流邊界層的小）

邊界層分離

嗯嗯，的確！
比起層流，紊流的分離點比較後面…在比較下游的地方。

沒錯。
邊界層從層流變成紊流時，到達分離點的角度都會變大。
看圖就可以明白，層流時約爲 85°，紊流時則是 110°。

那麼從這裡開始，我們要注意在分離開的下游所形成的「大型分離渦」。
若是形成了「大型分離渦」的話，**壓力就會變低**而成爲**阻力**。

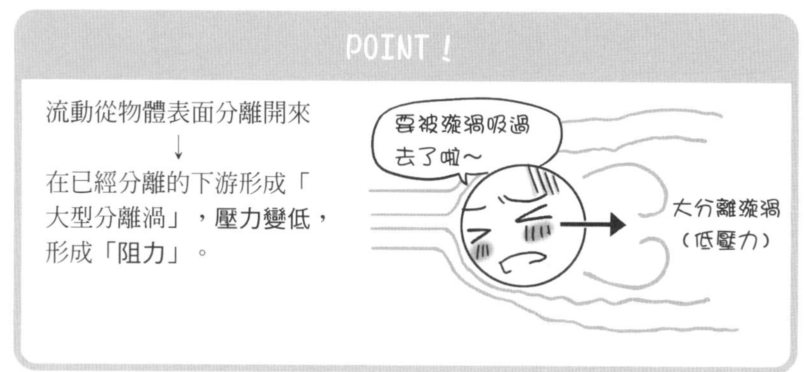
POINT！
流動從物體表面分離開來
↓
在已經分離的下游形成「大型分離渦」，壓力變低，形成「阻力」。
要被漩渦吸過去了啦～
大分離漩渦
（低壓力）

那麼請再看一次剛剛的圖。層流與亂流，哪一邊的下游「大型分離渦」比較小呢？

啊！紊流時形成的「大型分離渦」比在層流時產生的「大型分離渦」還要小耶～！

是的。邊界層若是**紊流**，因爲分離點往下游移動，與層流的時候相比，物體後方的「大型分離渦」就變**小**了。

若「大型分離渦」變小，「阻力」也會跟著變小。
也就是說在紊流的情況下會比較好。

…咦？
紊流似乎跟高爾夫球的球窩…

沒錯！
請回想一下高爾夫球。
高爾夫球上的球窩，是扮演著擾亂球面附近的流動、造成「紊流」的角色。

若球的表面流動變成了「紊流」，分離的位置就會往球的後方移動。

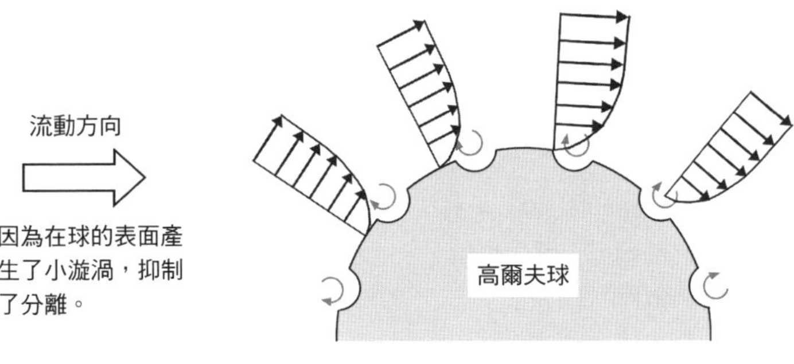
流動方向
因為在球的表面產生了小漩渦，抑制了分離。
高爾夫球

球窩防止分離的情況

啊，我瞭解了啦～！
也就是說，球窩幫助空氣繞往球的後方，而盡可能地抑制分離的發生吧！
若發生分離可就麻煩啦。

原來如此。
有了球窩，空氣阻力的確減低了。

把到目前為止說過的整理一下…
「球渦刻意製造出小漩渦，使邊界層的流動變成紊流，以此來**抑制分離**」的意思。

球的周圍製造出小漩渦，最終使得球背面的「大型分離渦」變小，減低了空氣阻力…
雖然有點囉嗦麻煩，不過懂了以後還挺有趣的。

嗯嗯！一開始雖然不知道為什麼要作出「小漩渦」來形成紊流，但現在懂了。
高爾夫球凹凹凸凸的部分原來隱藏著這種秘密啊…

為了解開這個謎團，我們複習了升力、阻力、層流、紊流、白努利定律、黏度等等的項目呢。

嗯嗯，這真是相當適合作為最後謎題的內容呀。

黃昏的海邊啊～
沙

感覺有點傷心…又有點寂寞呢，讓人心都糾在一塊了…
沙
是呀…

…三個人同在一起的社團活動這也是最後一次了…

回家了啦！
…你們是還想在這待多久啊！
啊…！
好的！！

咖噹
咖噹
學姐…累了吧。
唸書一定很累吧～…
想說如果今天放晴就約她出來…
不知道是不是有一點過份…
咖噹 哐噹
咖噹 哐噹 咖噹
哐噹

應該會成為…高中最後的回憶吧…
呼
…………

轉頭

…ㄟ，繪希，怎麼…！？
呼
呼
呼呼
這張臉…
難道又想到了什麼…！？

7個月後
社長！
小茜社長！
頒發畢業證
恭喜妳畢業！
也恭喜妳順利
考上大學～！
這是實力。
開玩笑啦
繪希怎麼了？
講話
講話
吵雜
啊
繪希她啊！

在社團教室等著呢！
請一起來吧！

…上次來這兒也已經是一學期以前啦。
研究社
剛巧想在最後來露個臉呢。

繪希那堆神秘用品…又多了不少啊…
傷腦筋…

真是的…都是一些用不到的破爛…

怎樣？這點子不錯吧？

在畢業典禮時就來辦吧！

咖噹

哐噹

咖噹

的確挺不錯的！就來做吧！

全部都是多虧繪希對流體力學有興趣啊，
眞的是太好了。

似乎可以作個很有物理研究社風格的送別呢，
感覺有點開心。

別這麼說…
是白石同學的功勞啦。
明明我才是學姐，卻讓你教了那麼多。

浮力、升力…眞的都是像魔法一樣的力呢。
既然已經學過了，就要好好地運用它們！

不管是船之所以不會沉…飛機能在天空飛行，都好像太理所當然了，所以我從來都不知道這是怎麼回事。
其他在生活周遭還有一大堆不明緣由的事物，我本來都不知道。
每次學習時都覺得，如果能早點知道這些就好了。

所以我才會想說，

用流體力學的魔法…爲小茜學姐辦一場美妙的送別會！

…話說回來，

繪希那傢伙到底

學姐！！

這裡，這裡！

請看我這——裡！

那傢伙…到底在那邊幹嘛？
而且那又是什麼？
我和繪希一起作的飛機模型。

給學姐的畢業記念！利用大家回憶中的流體力學來表演囉！
希望學姐未來能振翅高飛～

墜

毀

!!!?

一片悽慘…
呃…不不不不
不是只有這樣唷！
對吧！繪希！
請和我們一起出去一下！社長！

我還作了船版的送別儀式，也就是下水典禮啦！
祝福社長離開學校，那麼下水！

沉
沉
沉

沉沒

真真真的
對不起…

似乎是我流體力學的計算出了問題…
我還一副很偉大地教大家，讓妳們看這笑話，我沒臉見人了…
嗚啊啊啊啊
啪
既、既然這樣，那就是神秘用品出場的時候了！對吧！！？
如果升力不夠，那就要用妖精的…不，妖怪的…
沙沙沙…

升力要飛的妖精…那浮力要什麼！？

浮…飛…Fairy!!ㄟ!?浮力也是妖精!!!?

嗚啊啊啊啊

噗

你們這倆個學弟妹，到最後都還是那麼搞笑啊！

哈

明年入社的人可辛苦囉！

哈

哈

哈

哈哈…
搞不好繪希的預知夢料中的就是這件事啊。
呼～呼～
哈…
當初也是有了那場夢，大家才開始學流體力學，
也多虧如此，才創造了一堆想都沒想過的回憶。
繪希、白石，我很開心。
謝謝你們。
妳太天真了！
學姐！
呼呼呼呼
呼
請回憶一下在海邊學到的東西，社長！
抽
流體力學的三種力是，浮力、升力，
以及…
阻力！
！

散
飄
…………啊…………？
喀
喳
嘿嘿嘿，大成功！！
噢～～～
這是繪希的點子唷。

紙片雪飄動四散…
那該不會也是流體
力學的關係吧？
如果是…我想到一
個好點子囉…！
從海邊回來時，
繪希靈光一閃…
我們查了一下，紙片雪
的原理似乎結合了阻力
和升力，
所以才想將流體
力學原原本本地
用在這上面…
思考中…
這個嘛…
唔…
紙片雪是承受著空氣阻
力而落下的，
所以我讀了紙或樹葉自然落
下時的運動解析研究…也就
是模擬樹葉問題的論文…！
我則是一直咔嚓咔嚓地
剪紙…研究怎樣的大小
才能夠飛得最美！
妳知道嗎學姐！！
三角形比四角形還
要好喔！！
雖然流體力學說，空氣
的阻力是種阻礙的力
量，
但也因此，紙片雪才能
漂亮地四散，飄得那麼
美！！
所以怎麼說呢…即使學姐未來
碰到困難，請妳也要反過來利
用它，美妙華麗地閃耀著！
雖然聽來有點牽強…！
但學姐一定聽得懂啦！

…不用你們解釋

我也懂…你們
說的話…！

抱緊

…恭喜妳畢業，
小茜學姐…！

咦…

剛剛用拍立得照相時…
社長背後有什麼東西嗎？
！！！！！？
哇啊啊啊！！！
太棒了太棒了太棒了！
靈異照片！！！！？
啊，什麼嘛
只是繪希的神秘玩偶
反射在窗戶上啊。
騙…騙…人吧………！！
白石！其實你才是
最過份的傢伙吧！
就是說啊！白石同
學你過來一下！
咦咦！
我、我嗎？
話說回來繪希！這
都是因爲妳沒整理
那一堆東西吧！
不是啦！哪有！
啊～～～學姐，
對不起啦！

索引

十劃

十一劃

十二劃

十三劃

十四劃

十五劃

十六劃

十七劃

十八劃

十九劃

廿二劃

廿三劃

飛機的升力還有船的浮力
…計算哪裡出了問題了…
呼…
嗯…
嘿嘿嘿～
多加一個零吧～
那個失敗八成是因爲我
惡作劇亂寫的結果吧…

國家圖書館出版品預行編目資料

世界第一簡單流體力學 / 武居昌宏作；謝仲其譯.
-- 初版. -- 新北市：世茂, 2012.09
面；　公分. --（科學視界 ； 116）

ISBN 978-986-6097-60-7（平裝）

1. 流體力學

332.6　　101009719

科學視界 116

世界第一簡單流體力學

作　　者／武居昌宏
審 訂 者／郭鴻森
譯　　者／謝仲其
主　　編／簡玉芬
責任編輯／楊玉鳳
出 版 者／世茂出版有限公司
負 責 人／簡泰雄
地　　址／（231）新北市新店區民生路 19 號 5 樓
電　　話／（02）2218-3277
傳　　真／（02）2218-3239（訂書專線）
（02）2218-7539
劃撥帳號／19911841
戶　　名／世茂出版有限公司　單次郵購總金額未滿 500 元（含），請加 80 元掛號費
酷 書 網／www.coolbooks.com.tw
排版製版／辰皓國際出版製作有限公司
印　　刷／世和彩色印刷公司
初版一刷／2012 年 9 月
五刷／2024 年 6 月

ISBN／978-986-6097-60-7
定　　價／320 元

Original Japanese edition
Manga de Wakaru Ryuutai Rikigaku
By Masahiro Takei and Office Sawa

Published by Ohmsha, Ltd.
This Chinese Language edition co-published by Ohmsha, Ltd. and Shy Mau Publishing Group

Printed in Taiwan

黏貼處

請沿虛線剪下裝訂寄回，謝謝！

讀者回函卡

感謝您購買本書，為了提供您更好的服務，歡迎填妥以下資料並寄回，我們將定期寄給您最新書訊、優惠通知及活動消息。當然您也可以E-mail：service@coolbooks.com.tw，提供我們寶貴的建議。

您的資料（請以正楷填寫清楚）

購買書名：______________________________

姓名：______________ 生日：______年____月____日

性別：□男 □女　E-mail：______________________

住址：□□□______縣市________鄉鎮市區________路街

______段______巷______弄______號______樓

聯絡電話：______________________

職業：□傳播 □資訊 □商 □工 □軍公教 □學生 □其他：______

學歷：□碩士以上 □大學 □專科 □高中 □國中以下

購買地點：□書店 □網路書店 □便利商店 □量販店 □其他：______

購買此書原因：____ ____ ____ ____ ____ ____（請按優先順序填寫）

1封面設計　2價格　3內容　4親友介紹　5廣告宣傳　6其他：______

本書評價：____ 封面設計 1非常滿意 2滿意 3普通 4應改進

____ 內　容 1非常滿意 2滿意 3普通 4應改進

____ 編　輯 1非常滿意 2滿意 3普通 4應改進

____ 校　對 1非常滿意 2滿意 3普通 4應改進

____ 定　價 1非常滿意 2滿意 3普通 4應改進

給我們的建議：

黏貼處

世茂好書・豐富心靈

世潮精典・智慧同行

電話：(02) 22183277
傳真：(02) 22187539

廣告回函

北區郵政管理局登記證
北台字第9702號
免貼郵票

231新北市新店區民生路19號5樓

世茂
世潮 出版有限公司 收
智富